EL ORIGEN DE LA VIDA

EL ORIGEN DE LA VIDA

La aparición de los primeros microorganismos

Juan Antonio Aguilera

RBA

Diseño de la cubierta: Luz de la Mora.

Avda. Diagonal, 189 - 08018 Barcelona.
rbalibros.com

Primera edición: marzo de 2019.

REF.: RPRA516
ISBN: 978-84-9187-334-1
DEPÓSITO LEGAL: B.3.118-2019

REALIZACIÓN · EDITEC

Impreso en España · *Printed in Spain*

Contenido

Introducción

Dilucidar cómo fue y qué provocó el origen de la vida es uno de los grandes retos de la ciencia, y quizás el mayor de la biología. Así lo reconocen los propios científicos cuando se les pregunta sobre los principales misterios pendientes de resolver. En la actualidad, el desafío cobra más vigor que nunca debido a que parece que nos hallamos a las puertas de encontrar vida en otros planetas o satélites, solares o extrasolares, y a que cada vez estamos más cerca de recrear en el laboratorio al menos algunas de las etapas claves para su génesis a partir de moléculas sencillas.

La razón del persistente interés por el origen de la vida está, en primer lugar, en que necesitamos solucionar esa cuestión para profundizar en otra: «¿De dónde venimos?», una de las más profundas preguntas de la existencia, en buena medida porque va muy ligada al «¿Qué somos?» que ha inquietado siempre a los humanos. En segundo lugar, el enigma del comienzo de la vida nos seduce por la dificultad de explicar el inicio natural de las entidades más complejas que conocemos en el cosmos. Finalmente necesitamos saber hasta qué punto son probables otros orígenes, es decir, si estamos solos en el universo. Rastreando nuestro pasado, nos encontramos con que la aparición de la especie humana es, al fin y al cabo, solo un caso más en la historia de la vida. Si vamos mucho más atrás, llegamos a la aparición y evolución temprana del universo, y vemos que los físicos son capaces de detallarnos lo que previsiblemente ocurrió ¡hace 13800 millones de años! ¿Qué pasa entonces con el origen de la vida, algo aparentemente mucho más modesto, y más reciente que la Gran Explosión? Ocurre que lo que ha de dilucidarse no solo es también muy antiguo, sino especialmente complejo, y, en contraste con la aparición de la Tierra o de nuestra especie, en el caso del origen de la vida no tenemos de momento otros casos similares que estudiar y con los que comparar. A diferencia de lo que sucede, por ejemplo, con la conciencia, no tenemos ninguna vida «en menor grado», sino que toda la vida conocida está en su plenitud, y hasta la más simple exhibe una complejidad abrumadora.

Seguramente esas dificultades han alentado respuestas alejadas de la ciencia, en particular la de que la vida fue creada por algún dios. En primera instancia parece la solución más sencilla y, al estar ligada a muchas y extendidas religiones, es la idea sobre el origen de los seres vivos más popular del mundo —y tal vez la más antigua—. Pero más que una hipótesis es una creencia, sin fundamento, aunque algunos intenten disfrazarla con un envoltorio científico mediante la falacia conocida como «diseño inteligente».

Una posibilidad que mira al cielo, pero a un cielo real, es la de que la vida llegara a la Tierra desde otra parte. Se la conoce como *panspermia*, y la han defendido desde Anaxágoras en el siglo v a.C. hasta científicos modernos como el físico y premio Nobel de Química sueco Svante Arrhenius y el físico y biólogo molecular británico Francis Crick.

Aunque la panspermia es una hipótesis científica que tener en cuenta, parece probable que no haya que recurrir a ella para explicar la aparición de la vida en la Tierra. Todo apunta a que surgió en ella, pero para entender cómo pudo ocurrir se necesita la aportación de científicos de muchas disciplinas, tanto biológicas como físicas, químicas y geológicas, e incluso matemáticas e informáticas. Y es que, en un terreno tan escabroso, solo un esfuerzo multidisciplinar tiene posibilidades de éxito.

La reconstrucción del camino que condujo a la aparición de los primeros seres vivos se puede hacer yendo de atrás —el comienzo— adelante, o desde el presente hacia atrás, y se confía en recomponer entre los dos abordajes la historia completa de la vida.

El camino desde la Tierra primitiva hasta el presente empezaría en unas aguas —pues toda la vida conocida es una «vida acuosa»— con moléculas sencillas precursoras de las complejas que hoy nos constituyen; es decir, que la evolución biológica estuvo precedida de una evolución química. Y esta es susceptible de ser recreada en el laboratorio, como empezó a demostrarse de manera espectacular en la década de 1950 gracias al empuje entusiasta de Stanley Lloyd Miller, un joven científico apoyado en las hipótesis de quienes lo precedieron.

El avance en la comprensión de la vida conocida lleva a identificar en ella tres componentes: la celularidad, el metabolismo y la genética, y por ello se hacen intentos de tomar la generación primera de alguno de ellos como punto de partida. Pero ¿y si, después de todo, resultara más fácil generarlo todo a la vez, como apuntan algunos experimentos recientes?

Si intentáramos, ingenuamente, dar una respuesta personal al problema de nuestros últimos orígenes, empezaríamos por elaborar nuestro árbol genealógico, retrocediendo hasta los padres, abuelos, bisabuelos, tatarabuelos... Si tuviéramos los datos para seguir la indagación, en un centenar de generaciones estaríamos al comienzo de la conocida como Era Común (hace dos milenios). Mucho antes habríamos perdido la pista a nuestra rama familiar, pero sabemos que, si pudiéramos seguirla, en solo unas 250 000 generaciones acabaríamos encontrando ancestros comunes con chimpancés y bonobos. Más atrás, nos encontraríamos con los antepasados que compartimos con todo el resto de los mamíferos; más atrás aún, emparentaríamos con las plantas... Finalmente, nos veríamos incluidos en el mismo tronco que todos los seres vivos. Pues bien, lo extraordinario es que ya disponemos de ese árbol genealógico universal.

Que tal árbol sea común para todos los seres vivos quiere decir que todos descendemos de un mismo antepasado, el denominado LUCA (por la sigla inglesa de «último antepasado común universal»). Por eso, para entender por qué somos como somos, intentamos averiguar cómo era el LUCA, y cómo consiguió progresar y diferenciarse hasta dar lugar a la maravillosa panoplia de seres vivos pasados y actuales.

Según diversos autores, la vida pudo aparecer en varios ambientes y por distintos mecanismos. Probablemente nunca podamos tener seguridad sobre el modo en el que ocurrieron realmente los hechos, pero ya es admirable que podamos saber cómo pudieron ocurrir con cierta o mucha probabilidad, basándonos en observaciones y experimentos rigurosos. Esa probabilidad es bajísima para algunos, como el bioquímico francés Jacques Monod, y muy alta para otros, como el químico belga de origen ruso Ilya Prigogine, pero hay que valorar que hubo un tiempo en el que se pensaba que el origen espontáneo de algo tan complejo como la vida era sencillamente imposible, una opinión que hoy solo mantienen personas poco instruidas o cegadas por sus creencias.

Arrhenius, Oparin, Crick, Monod, Prigogine... La lista de grandes científicos que se preocuparon o se preocupan por el origen de la vida es formidable. El mismísimo Charles Darwin se interesó por el asunto, pero fue consciente de que le faltaba información. Merece destacarse que en esa lista encontremos a varios premios Nobel de los ámbitos de la física (Schrödinger, Fermi, Gell-Mann, Salam), la química (Arrhenius, Urey, Eigen, Prigogine, Gilbert, Cech) y la biología (Crick, Monod, Wald, De Duve, Szostak), pues pone de manifiesto el carácter multidisciplinar del problema. No ocultaremos que la gran mayoría de ellos se interesaron por el origen de la vida... después de recibir el Nobel. Otro de los grandes, el biólogo sudafricano Sydney Brenner, declaró, precisamente después de obtener el Nobel de Medicina en 2002, que el gran reto de la biología es «reconstruir el pasado», y Francis Crick llegó a decir que «no manifestar interés por estos temas es ser verdaderamente inculto». Afortunadamente, el lector se encuentra a salvo de esta descalificación, por lo que lo invitamos a la aventura de buscar nuestros orígenes más remotos en la Tierra, empezando por investigar hasta qué punto es amigable para cualquier tipo de vida nuestra gran casa: el universo.

La aparición de la vida en el cosmos

En los años 2016 y 2017 tuvo un impacto mundial el hallazgo de nuevos planetas extrasolares, próximos a la Tierra en términos galácticos, y con posibilidades de albergar agua líquida y, por tanto, vida. En seguida nos asaltan preguntas de alcance. ¿Hasta qué punto es razonable ese «por tanto», esto es, hasta qué extremo la presencia de agua líquida garantiza, o al menos sugiere, que se haya originado vida? ¿Es posible que se desarrollen otras formas de vida basadas en químicas diferentes a la de los organismos terrestres, que ni siquiera necesiten agua?

Estos interrogantes sugieren otras posibilidades y nos hacen cuestionarnos qué es lo que buscamos; es decir, qué es la vida. Complicada pregunta, pues la definición de vida es uno de los problemas más controvertidos —y, por ello, recurrentes— no solo de la biología, sino de toda la ciencia.

En realidad, caracterizar la vida conocida es sencillo, pues toda ella está formada por células —o depende de ellas, en el caso de los virus—, y se basa en la actividad de dos tipos de moléculas: los ácidos nucleicos, ADN y ARN, responsables de las tareas genéticas, y las proteínas, que actúan a la manera de nanorrobots o «máquinas orgánicas», realizando múltiples trabajos. Uno de los más conocidos es el de acelerar el conjunto de reacciones químicas que tienen lugar el el cuerpo de cualquier ser vivo y que constituyen su metabolismo, y las proteínas que lo llevan a cabo se conocen como *enzimas*.

Cada célula está delimitada por una membrana en la que predominan los lípidos, compuestos orgánicos insolubles en agua que incluyen las grasas y el colesterol, entre otros. Las membranas desempeñan un papel esencial en el intercambio de sustancias entre el interior y el exterior de las células.

Pero si queremos una definición de vida que incluya a las formas vivientes surgidas eventualmente en otros mundos, no puede ser tan precisa. Se han realizado muchas propuestas, pero ninguna es plenamente satisfactoria para todos los científicos. No obstante, la definición de ser vivo más empleada y citada —aunque sea para criticarla e intentar mejorarla— es la de la NASA: «un sistema químico autosostenido capaz de experimentar evolución darwiniana».

Cabe hacerse varias preguntas. Si lo que condujo a la aparición de la vida en la Tierra no fue un suceso sino un proceso, ¿solo sería legítimo hablar de seres vivos cuando se pusiera en marcha el mecanismo de evolución darwiniana? En el neodarwinismo, versión moderna del darwinismo, se distingue entre las moléculas que transportan la información genética (el ADN) y las que hacen la mayor parte de los trabajos celulares (las proteínas). Sin embargo, en la hipótesis más acreditada del origen de la vida se propone una etapa de evolución sustentada en la selección natural pero sin esa distinción entre moléculas informativas y trabajadoras en la que la evolución no sería neodarwiniana. Del mismo modo, ¿no son posibles seres vivos, en otros mundos, basados en químicas diferentes, que tampoco diferencien entre esas moléculas, y que por tanto no se basen en la evolución neodarwiniana?

Pensando en estos y otros problemas, y en las posibilidades de otras químicas, se propone una definición amplia según la cual un ser vivo es un sistema material que intercambia materia y energía con el medio, se autorregula y se autoperpetúa, y es producto inmediato o secundario de la evolución por selección natural.

LA QUÍMICA DE LA VIDA EXTRATERRESTRE

Toda la vida terrestre se construye alrededor de un elemento químico: el carbono. Las características de sus átomos les confieren una gran capacidad de enlazarse con otros. Así, el carbono puede formar una enorme variedad de compuestos químicos, y moléculas de gran tamaño y complejidad, que son el objeto de estudio de la química orgánica. ¿Es posible una vida alternativa a la terrestre, no basada en la química del carbono y en un medio distinto al agua?

Se ha especulado mucho sobre la posibilidad de que el silicio desempeñe, en otros planetas o satélites, un papel similar al del carbono por su alta capacidad para formar enlaces con otros átomos, pero cuando se intenta concretar esa química siliciana, no aparece ni de lejos la exuberancia y «capacidad informativa» de la química orgánica, de modo que aquella no se desecha totalmente, pero queda como una posibilidad remota.

Algo similar cabe decir de los disolventes distintos al agua, como el amoniaco, los hidrocarburos, etc.; ninguno parece ofrecer el conjunto de ventajas del agua. Además, hay que considerar que tanto esta como los compuestos orgánicos son ubicuos en el universo, de modo que las razones de la mera abundancia también juegan a su favor. Es más, cuando se simulan las condiciones de un planeta primitivo, algunas moléculas orgánicas de «tipo biológico», en especial los aminoácidos, aparecen en medio acuoso con facilidad.

En definitiva, aunque no pueden descartarse totalmente otras químicas de la vida, lo más probable es que cualquier biología se sustente también sobre el carbono, acompañado, como en la Tierra, de otros elementos como el hidrógeno (H), el oxígeno (O), el nitrógeno (N), y presumiblemente el fósforo (P) y el azufre (S): en el universo abundaría la vida «CHONPS». Esa química es especialmente efectiva en un medio acuoso, donde es fácil que genere pequeñas burbujas, delimitadas por membranas muy sencillas, que son esenciales para la aparición y el desarrollo de la vida conocida. Por todo ello, la prioridad en cualquier búsqueda de condiciones propicias para los seres vivos en el espacio debe ser el hallazgo de materia orgánica y agua, acompañados de fuentes de energía adecuadas para alimentar el desarrollo de la vida.

A semejanza de lo que ocurre en la Tierra, en otros mundos la energía puede proceder, sobre todo, de las estrellas próximas a los cuerpos de interés (los planetas o sus satélites), y del propio interior de esos cuerpos, pero tampoco deben descartarse otras fuentes de energía.

¿HAY MÁS VIDA EN EL SISTEMA SOLAR?

A la hora de buscar vida fuera de la Tierra, parece lógico empezar por lo más cercano: otros astros de nuestro propio sistema solar. Hace cosa de un siglo la opinión general era que Marte estaba habitado, pero conforme se profundizaba en su estudio y crecía el conocimiento sobre él, se disipaban las expectativas de que albergase vida.

El «planeta rojo» es hoy un lugar muy inhóspito, debido a su escasísima atmósfera, rica en dióxido de carbono, y a su superficie carente de agua líquida permanente, con una temperatura media de −46 °C. No obstante, hay una alta probabilidad de que

Marte albergara en sus primeros mil millones de años gran cantidad de agua líquida en su superficie, por lo que pudo generar y sostener vida de forma paralela a la Tierra. Incluso cabe la posibilidad de que formas de vida originarias de la Tierra llegaran hasta Marte, o viceversa, merced a la expulsión de materiales tras el impacto de cometas o asteroides.

Si Marte tuvo vida abundante en el pasado, no cabe duda de que esta se esfumó al hacerlo la atmósfera y el agua, y esto se debió, sobre todo, a la reducida masa del planeta, insuficiente para generar una gravedad capaz de sujetarlas. La carencia de una dinámica de placas que provoque el movimiento de grandes bloques en la superficie del planeta sobre las capas más internas, como ocurre en la Tierra, también pudo influir en la desaparición de la vida, ya que esta dinámica desempeña un papel importante en la regulación de la cantidad de dióxido de carbono presente en la atmósfera. Al no existir, este queda atrapado en las rocas y no se libera, y eso rebaja el efecto invernadero y, por tanto, la temperatura del planeta. Por otro lado, y a diferencia de la Tierra, Marte carece de un campo magnético que proteja al planeta de la radiación solar, lo que favorece la pérdida del dióxido de carbono y el vapor de agua de la atmósfera.

Pero todo eso no significa que necesariamente se extinguiera toda la vida, pues se conoce su extraordinaria resistencia, basada en la capacidad adaptativa. Igual que aparece en la Tierra vida por doquier, incluso en las profundidades del mar y del suelo, ¿no podría resistir en el subsuelo marciano?

En 1976, las sondas Viking de la NASA hicieron unos experimentos en Marte para estudiar la presencia de vida en su superficie, pero los resultados fueron tan complejos que, aunque la propia NASA dio un veredicto final negativo, reputados autores, como el astrobiólogo estadounidense Dirk Schulze-Makuch, defienden que se explican mejor como fruto de actividad biológica. También es sugerente la producción y desaparición de metano

(CH_4) en el planeta rojo, difíciles de explicar si no es por esa actividad. Pero ninguna prueba es concluyente de momento. Se espera que pronto puedan aclararse las causas de la dinámica del metano, y que a mediados de la década de 2020 pueda al fin analizarse el subsuelo marciano en busca de pruebas inequívocas de la existencia de seres vivos, o siquiera de fósiles.

Si se hallase vida en Marte, sería crucial determinar si esta posee suficientes características en común con la vida terrestre como para que quepa hablar de un único origen; si no es así, será especialmente alentador, pues ante el hallazgo de un segundo tipo de vida se puede esperar, con mucha más confianza, que el universo esté repleto de ella.

En cuanto a Venus, ahora un planeta infernal debido a un efecto invernadero extremo, también pudo albergar vida en sus primeros mil millones de años, cuando el Sol era bastante más frío. En ese caso, ¿podrían sobrevivir aún organismos venusianos? Aunque parece más difícil que en Marte, no es imposible; se especula con una zona de la atmósfera de Venus con temperaturas y presiones acogedoras, situada a unos 50-60 km de altitud, donde hay nubes ricas en ácido sulfúrico y un conveniente desequilibrio químico. Allí tal vez podrían medrar microorganismos termoacidófilos, amantes del calor y la acidez, como los que pueden encontrarse en algunos ecosistemas terrestres.

VIVIR EN LAS LUNAS

Después de Marte, los mejores candidatos del sistema solar para alojar vida son ciertas lunas de Júpiter y Saturno. Las imágenes y mediciones obtenidas por la sonda espacial Galileo, enviada a Júpiter en 1989, indican que tres de los cuatro satélites que el célebre científico italiano descubrió alrededor de Júpiter pueden mantener abundante agua líquida bajo su superficie, pese a la gran distancia que los separa del Sol. Europa tiene, bajo una capa superficial helada, un océano de agua líquida con, al parecer, esporádicos escapes al exterior en forma de géiseres. Ganímedes, la mayor luna del sistema solar, tal vez cuente incluso con más agua —en varias capas subsuperficiales— que Europa y que todos los océanos terrestres. ¿Cómo es posible? Por el calentamiento interno que les producen los efectos gravitacionales (una especie de amasamiento por fuerzas de marea) del enorme y próximo Júpiter. El cuarto satélite galileano, Calisto, también puede tener un océano salado profundo, pero, al estar más lejos de Júpiter, estaría calentado solo por la radiactividad.

En cuanto a Saturno, su satélite de mayor interés es Encélado. La misión espacial Cassini-Huygens, puesta en marcha en 1997 con el objetivo de estudiar Saturno y sus lunas, ha ido acumulando datos que apuntan a que Encélado presenta un océano líquido entre una capa de hielo superficial y un núcleo rocoso. El también saturniano Titán es el segundo mayor satélite del sistema solar, tras Ganímedes —los dos son más grandes que Mercurio y Plutón—. Tiene abundancia de líquido, que se concentra en grandes lagos, y un ciclo de evaporación y lluvia. Pero el líquido lacustre no es agua, sino una mezcla de hidrocarburos, compuestos orgánicos formados por átomos de carbono e hidrógeno. Los más abundantes son el metano y el etano, los hidrocarburos más sencillos, que, en reacciones impulsadas por la radiación ultravioleta, pueden generar otros más complejos. En la atmósfera de Titán predomina el nitrógeno molecular (N_2), pero también es rica en metano y otros hidrocarburos. ¿Es posible que se pueda haber desarrollado vida «titánica»? Está por ver. De entrada las expectativas son bajas porque no existe agua en estado líquido en la superficie del satélite, aunque sí congelada, formando parte de las rocas. Por otro lado, mediciones realizadas por la nave Cassini en 2012 sugieren que podría existir un océano de agua líquida bajo la superficie.

En la actualidad se multiplican los planes para explorar, durante los próximos años y décadas, las posibilidades de existencia de vida en todos estos lugares del sistema solar, sobre todo mediante análisis *in situ*.

OASIS DE VIDA EN EL UNIVERSO

A la hora de llevar a cabo estas exploraciones, tan apasionantes como costosas, es conveniente preguntarse dónde es más probable que pueda aparecer la vida en el universo. Se suele dar por sentado que en sistemas planetarios, pero estos pueden hallarse en entornos más o menos amigables u hostiles para la vida. En el centro de la Vía Láctea, y previsiblemente de una importante proporción de galaxias, parece haber un agujero negro que puede ser nefasto para la vida próxima (a decenas de años luz) por sus emisiones de rayos gamma y rayos X, a las que hay que sumar las radiaciones y perturbaciones gravitacionales debidas a las estrellas de neutrones y a las supernovas cercanas.

Cuanto más lejos se ubica un planeta del centro de su galaxia, más descienden esos riesgos, pero también disminuye la proporción de elementos químicos más pesados que el hidrógeno y el helio, necesarios para la vida. De modo que, aunque, por un lado, alejarse del centro de la galaxia aumenta la habitabilidad potencial de un planeta, por otro lado la reduce. Teniéndolo todo en cuenta, en la Vía Láctea, la zona habitable galáctica se estima situada entre los 15 000 y los 38 000 años luz del centro.

No obstante, las galaxias difieren entre sí en habitabilidad global. La Vía Láctea tiene forma espiral, pero existen otros tipos de galaxias: las elípticas y las irregulares, y no solo se distinguen por su forma. Según la astrofísica india Pratika Dayal, las galaxias elípticas son las más ricas en elementos pesados, a la vez que

> ENCÉLADO, ¿UNA LUNA CON VIDA?

Algunos científicos consideran a Encélado el sitio extraterrestre más habitable —capaz de originar y sostener vida, aunque no necesariamente habitado— del sistema solar. Los datos obtenidos por la misión Cassini-Huygens apuntan a que tiene un océano global que se localizaría entre la capa superficial helada y el núcleo rocoso del satélite. El agua que contiene se mantendría líquida gracias a la energía mareal generada por la cercanía del masivo Saturno y por el calentamiento producido en la desintegración de isótopos radiactivos. En el polo sur se han detectado un centenar de géiseres, que funcionan a modo de rejillas de ventilación y que salen de cuatro grandes fracturas, a las que se conoce como «rayas de tigre» por su aspecto. Encélado es el único lugar fuera de la Tierra en el que se han hallado pruebas sólidas de la existencia de fuentes hidrotermales submarinas. Estas generan prometedores desequilibrios químicos y energéticos que favorecerían la presencia de vida.

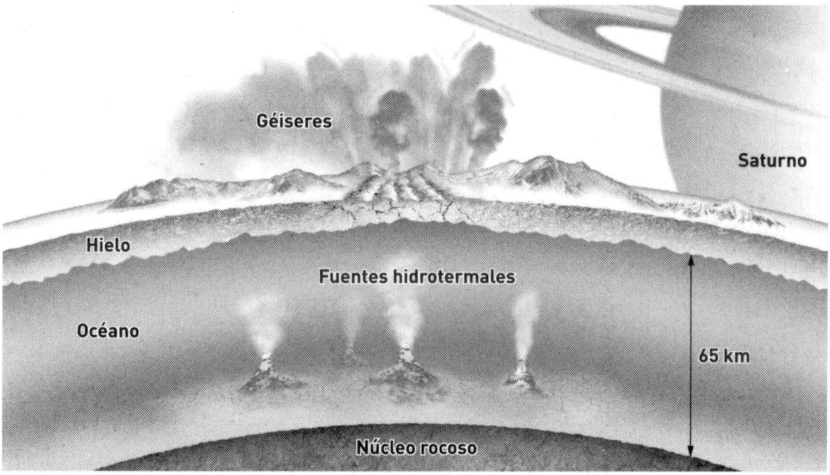

— Esquema de la estructura interna de Encélado. Las fuentes hidrotermales podrían sustentar un ambiente propicio para la vida.

más pobres en supernovas. Por ello estima que pueden contener unas diez mil veces más planetas habitables que las galaxias espirales. Si es así, la Tierra no se encuentra en una región privilegiada del universo y, desde luego, no en la mejor galaxia para tener abundante y cercana compañía.

LAS ZONAS DE HABITABILIDAD ESTELAR

El agua abunda en el cosmos, tanto que podemos decir que el universo es «húmedo», pero es raro que se encuentre en estado líquido, para lo que necesita hallarse dentro de ciertos rangos de temperaturas y presiones. Se denomina *zona de habitabilidad* de una estrella a la región que la rodea en la que llega un nivel de radiación tal que permite la existencia de agua líquida en la superficie; por tanto, si existen planetas o satélites en esa zona, una especie de «anillo», estos podrían albergar vida superficial (fig. 1).

FIG. 1

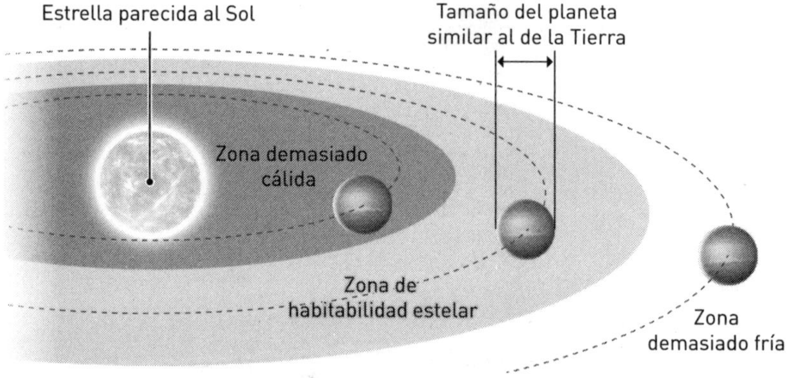

Zona de habitabilidad estelar. Para estrellas y planetas de tamaños similares a los del Sol y la Tierra, la zona de habitabilidad será parecida.

La zona de habitabilidad estelar no viene determinada únicamente por la distancia a la que se encuentra la estrella, sino también por su tamaño: cuanto más grande y luminosa sea una estrella, más extenso y alejado es el anillo habitable a su alrededor. La mayor parte de las estrellas se ordenan de mayor a menor masa y luminosidad, y de menor a mayor longevidad según la serie: O-B-A-F-G-K-M. En la tabla inferior se muestra esta clasificación; las magnitudes masa, radio y luminosidad se establecen con respecto a nuestro Sol (Sol = 1). Las estrellas de tipo O son, pues, las mayores, más luminosas, de zona habitable más extensa..., pero menos longevas. El Sol es una estrella de tipo G.

Para el Sol, el anillo habitable va, según el geólogo estadounidense James Kasting y sus colaboradores, desde 0,99 hasta 1,7 unidades astronómicas (una unidad astronómica, UA, es la distancia media entre la Tierra y el Sol, unos 150 millones de kilómetros). La Tierra está hoy dentro de esa zona habitable, aunque al borde del sobrecalentamiento. Venus, a 0,72 UA del Sol, queda fuera, pero Marte, a 1,52 UA, está dentro, esté o no habitado.

Clase	Temperatura (K)	Color	Masa	Radio	Luminosidad	Vida media (Ma)
O	28 000-50 000	Azul	60	15	>140 000	1
B	9 600-28 000	Blanco azulado	18	7	20 000	100
A	7 100-9 600	Blanco	3,1	2,1	80	1 000
F	5 700-7 100	Blanco amarillento	1,7	1,3	6	4 000
G	4 600-5 700	Amarillo	1,1	1,1	1,2	15 000
K	3 200-4 600	Amarillo anaranjado	0,8	0,9	0,4	30 000
M	1 700-3 200	Rojo	0,3	0,4	0,04	200 000

Para que un sistema planetario pueda albergar vida, sobre todo la más compleja, es preciso que la zona habitable de su estrella sea suficientemente duradera. El ritmo al que se ha desarrollado la evolución biológica en la Tierra da una idea de los tiempos que podrían ser necesarios para llegar a formas de vida con ciertos niveles de complejidad. Las células eucariotas, por ejemplo, de las que están hechos todos los organismos pluricelulares —incluidos nosotros mismos—, necesitaron 2500 Ma para surgir en nuestro planeta. Visto así, cabe pensar que la vida media de las estrellas O, B y A, que va de uno a mil millones de años, no es suficiente para que se puedan desarrollar formas de vida complejas, de modo que estas estrellas quedan descartadas. Interesan las estrellas F y, más aún, las G, K y M.

Algunos investigadores prefieren centrarse en las estrellas de tipo solar (G), pues al fin y al cabo la única evidencia de vida que tenemos se halla en torno a una de ellas. El astrónomo estadounidense Geoffrey Marcy ha calculado que el 22% de las estrellas de este tipo (G y también K) pueden tener planetas similares a la Tierra en sus zonas habitables, y estima que solo en la Vía Láctea habría unos 8800 millones de estas «tierras».

¿Qué tipo de estrellas podrían albergar en su entorno a los seres vivos más antiguos del universo? La vida no pudo aparecer poco después del Big Bang, cuando había casi exclusivamente hidrógeno y helio. Es decir, del conjunto de elementos necesarios para la vida terrestre —CHONPS: carbono, hidrógeno, oxígeno, nitrógeno, fósforo y azufre—, solo uno estaba disponible: el hidrógeno. Para tener el resto en cantidad suficiente hubo que esperar a la génesis de estos elementos en el interior de estrellas masivas, de tipo O o B, y a que su explosión como supernovas los liberara dejándolos disponibles para la formación de nuevos sistemas planetarios. Se calcula que los primeros planetas con elementos pesados aparecieron hace unos 12000 Ma. La Tierra nació hace unos 4600 Ma, por lo que no salió de la primera «hornada» de planetas habitables.

Las estrellas F y muchas estrellas G (como el Sol) que nacieran hace 12 000 Ma habrían llegado ya a su fin, de modo que son algunas G, y sobre todo las K y M, las que podrían cobijar las formas de vida más viejas del universo (del orden de 10 000 Ma), y, dado que han tenido más tiempo de evolucionar, quizá las más avanzadas.

Las estrellas K y sobre todo las M, llamadas, por su tamaño y color, enanas rojas, presentan algunos problemas para la vida, debido las intensas radiaciones «de juventud» que emiten en sus primeras etapas y a sus fuertes efectos gravitatorios —dada la cercanía de sus zonas habitables—, pero a cambio son, con diferencia, las más abundantes del universo. Las estrellas M suman en torno al 75 % del total, y no sería una sorpresa si la mayor parte de la vida en el cosmos se localizara en torno a ellas. Según el astrónomo sueco Erik Zackrisson, en el universo observable hay unos $7 \cdot 10^{20}$ (setecientos trillones) de «tierras» (planetas con masas de 0,5 a 5 veces la masa terrestre) y «supertierras» (de 5 a 10 masas terrestres), de las que el 98 % estarían en torno a estrellas M y «solo» unos veinte trillones orbitarían estrellas más parecidas al Sol (de tipos F, G o K). De modo que, por la clase de galaxia donde se halla y por el tipo de estrella que la ilumina, quizá la vida terrestre constituya, si no una anomalía, sí parte de una extravagante minoría.

Hay que aclarar que la habitabilidad planetaria, es decir, el potencial que tiene un planeta para albergar vida, no depende solo de que esté o no en la zona de habitabilidad estelar. También tienen importancia otros factores, como la naturaleza de su atmósfera —incluyendo la nubosidad—, la existencia o no de un campo magnético que lo proteja de las de radiaciones, etc. De hecho, la astrofísica canadiense Sara Seager considera que si los *planetas salvajes*, que vagan por el espacio sin girar en torno a estrella alguna, mantienen una atmósfera con cierta abundancia de hidrógeno, que es un potente gas de efecto invernadero,

> MÁS PLANETAS HABITABLES... Y MÁS CERCA

En la figura se representan los doce exoplanetas (sobre todo, tierras y supertierras) más prometedores, ordenados según su distancia al sistema solar en años luz. El planeta con mayor índice de similitud con la Tierra (entre paréntesis), Proxima b, es además el más cercano. También destacan el sistema planetario en torno a TRAPPIST-1, con tres planetas habitables, y la supertierra LHS 1140 b. Se muestran, a efectos comparativos, varios planetas del sistema solar.

[4,2 al]
Proxima Centauri b
(0,87)

[13 al]
Kapteyn b
(0,67)

[22 al]
Gliese 667 C c
(0,84)

[22 al]
Gliese 667 C e
(0,60)

[39 al]
TRAPPIST-1 e
(0,86)

[39 al]
TRAPPIST-1 f
(0,68)

[39 al]
TRAPPIST-1 g
(0,58)

[40 al]
LHS 1440 b
(0,68)

Tierra
Marte
Neptuno
Júpiter
[22 al]
Gliese 667 C f
(0,77)
[561 al]
Kepler-186 f
(0,61)
[770 al]
Kepler-1229 b
(0,73)
[1 115 al]
Kepler-442 t
(0,84)

pueden mantener calor suficiente para albergar agua líquida y vida. En otras palabras, la zona de habitabilidad podría no tener un límite externo definido.

LA BÚSQUEDA DE VIDA EXTRATERRESTRE

Desde 1992, año en el que se descubrió el primer exoplaneta, el número de planetas conocidos fuera del sistema solar no ha dejado de crecer. En ello ha tenido un papel esencial el telescopio espacial Kepler, que ha analizado durante los últimos años una estrecha región del cielo (1/400 del firmamento, en la constelación del Cisne) en busca de este tipo de planetas, y en particular de los potencialmente habitables. Se persiguen sobre todo planetas rocosos, tierras o supertierras que puedan tener agua líquida superficial.

La lista de exoplanetas habitables probablemente crecerá de forma significativa en los próximos años, con el lanzamiento de nuevos y potentísimos telescopios espaciales, como el James Webb, un telescopio de infrarrojos con una resolución extraordinaria cuyo lanzamiento está previsto para octubre de 2018. Se espera que algún día estos observatorios sean capaces de empezar a detectar las exolunas (los satélites de los exoplanetas), sobre todo las que puedan alojar masas de agua en su interior. También se confía en que puedan ponderar la existencia de vida en los exoplanetas a partir de la presencia en sus atmósferas de los denominados *biomarcadores*, moléculas que indican una posible actividad biológica; por ejemplo, la existencia simultánea en la atmósfera de niveles altos de metano (CH_4) y de oxígeno molecular (O_2) se considera un indicador de la presencia de vida. Ambos gases pueden generarse por procesos no biológicos, como la rotura de las moléculas de agua (H_2O) debida a la luz, en el caso del oxígeno, o el vulcanismo, en el caso del metano. Sin embargo, ambos son gases inestables, se destruyen con rapidez, y estos procesos no bastan para explicar su presencia continuada a ciertas concentraciones en la atmósfera, ni por separado ni, menos aún, juntos.

Si todo va bien, en los próximos años no solo se dispondrá de la información de los telescopios. En 2016 se puso en marcha el proyecto Breakthrough Starshot («disparo estelar») para visitar Alfa Centauri, el sistema estelar más cercano al nuestro, a algo más de cuatro años luz de distancia. Financiado por el multimillonario ruso Yuri Milner, el proyecto está auspiciado por el físico británico Stephen Hawking, entre otros destacados científicos. El plan es lanzar en dos o tres décadas, cuando esté lista la tecnología, cientos o miles de nanonaves insertadas en finas velas, que serían empujadas por potentes láseres hasta una quinta parte de la velocidad de la luz. Las naves llegarían así, en otros veinte años, a todos los planetas del sistema estelar triple —con tres estrellas o soles— Alfa Centauri y analizarían *in situ* la existencia de vida.

Por descontado, un indicador excepcional de actividad biológica serían pruebas de inteligencia extraterrestre, que se vienen buscando desde 1960, a través de varios proyectos SETI (sigla inglesa de Búsqueda de Inteligencia Extraterrestre). El rastreo de señales inequívocas se ha realizado principalmente con el gran radiotelescopio de Arecibo, en Puerto Rico, y desde hace poco con el el telescopio esférico chino FAST, que tiene un diámetro de medio kilómetro. En 2015 comenzó un nuevo programa, la iniciativa Breakthrough Listen «escucha innovadora», de nuevo con Stephen Hawking y Yuri Milner como promotores, más Geoffrey Marcy como investigador principal. Durante diez años perseguirá con una capacidad sin precedentes señales de inteligencia alienígena, y para ello se utilizarán los datos obtenidos con tres grandes radiotelescopios: los estadounidenses Green Bank y Automated Planet Finder y el Parkes, en Australia.

El hallazgo de inteligencia extraterrestre causaría un impacto formidable, para muchos sería la principal noticia de la historia de la humanidad. Significaría que la inteligencia humana no está sola en el universo, y abriría graves cuestiones teóricas y prácticas, desde el estatus de la especie humana en el universo hasta qué hacer ante los nuevos conocidos.

En definitiva, los próximos años se presentan apasionantes, pues se dispone de mejores condiciones que nunca para encontrar por primera vez vida fuera de la Tierra, sea en el sistema solar o mucho más allá. Pero mientras se concretan las posibilidades, lo que nos estremece es la incertidumbre. En todo caso, lo mejor que podemos hacer para entender cómo se genera la vida es estudiar su origen en el único sitio donde nos consta que existe: nuestro planeta. Sin duda, eso nos ayudará a comprender mejor la vida que ya conocemos, y probablemente los fundamentos de cualquier otra vida posible.

El camino hacia la vida

El último antepasado común universal de todos los seres vivos de la Tierra, un organismo hipotético que se conoce como LUCA (sigla del inglés *Last Universal Common Ancestor*) o *cenancestro*, es una referencia clave en la historia de la vida en nuestro planeta, pero no es el organismo más remoto. Los primeros seres vivos aparecieron en la Tierra primitiva, y algunos evolucionaron hasta el ancestro universal, pero no todos. Podemos representar el camino hacia la vida actual mediante un esquema en el que el tiempo avanza hacia arriba, de modo que se asciende desde el origen de la vida hasta el LUCA, y de este emerge un tronco que finaliza en las ramas contemporáneas (fig. 1). Los descendientes del LUCA se escindieron en dos líneas: la de las bacterias y la de las arqueas, de las que surgieron los eucariotas, el tercer gran grupo de seres vivos, que incluye, entre otros, a todos los organismos pluricelulares, incluidos los humanos. En todo el proceso, plagado de extinciones, que se representan en la figura por ramas que no llegan arriba, hubo cruciales episodios de simbiosis y de transferencia de genes entre especies, representadas como ramas horizontales.

La reconstrucción de toda la historia puede comenzarse desde arriba o desde abajo. Si se hace de arriba abajo, supone averiguar, a través del estudio de los seres vivos actuales, características de los antepasados, remontándonos todo lo atrás (abajo) posible. Si vamos de abajo arriba, se trata de intentar reproducir en el laboratorio las condiciones de la Tierra joven sin vida e ir subiendo todo lo que se pueda. Idealmente, ambas reconstrucciones se solaparían, encajando en una historia coherente y completa.

El abordaje de arriba abajo funciona bastante bien hasta el LUCA. La historia de la vida desde el último antepasado común universal, que es a lo que suele denominarse el «árbol universal de la vida» —aunque no parta del verdadero origen— se conoce aceptablemente, a pesar de algunas incertidumbres. La zona oscura es la que abarcó desde la Tierra prístina sin vida, lo que llamamos la situación de partida, hasta el LUCA. Hemos de insistir en la distinción entre el LUCA y el primer o los primeros seres vivos. El LUCA es el último antepasado común, pero habría otros más remotos. Estos pudieron dar lugar, además de al LUCA, a líneas descendientes que se extinguieron (flechas laterales en la fig. 1).

Para entender qué pudo suceder en ese tramo misterioso y crucial y reconstruir el camino, conviene conocer con toda la precisión posible las características de los puntos de partida y de llegada: las condiciones de la Tierra primitiva y las particularidades del LUCA. Dejemos esto último para más adelante y centrémonos ahora en la situación de partida. El análisis de los vestigios de los seres vivos más arcaicos aporta datos que ayudan a establecer las condiciones en las que aparecieron las primeras formas de vida.

LOS FÓSILES MÁS ANTIGUOS

Por la información que pueden aportar sobre el inicio de la vida en nuestro planeta y sobre las características de la Tierra pri-

FIG. 1

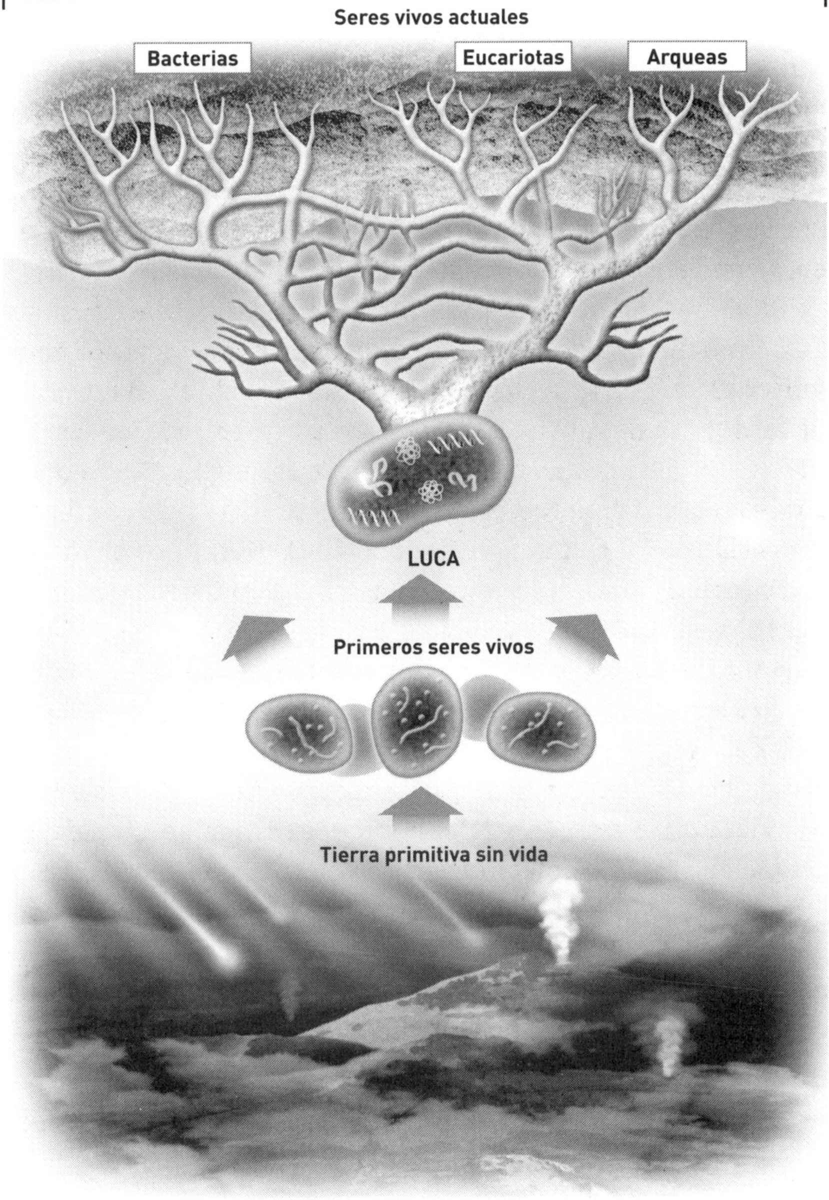

El árbol completo de la vida no se limita al que parte del LUCA. Sus raíces descienden hasta los primeros seres vivos, cuya formación es tan enigmática.

mitiva, hay un interés extraordinario en encontrar fósiles de la máxima antigüedad posible. Pero como puede suponerse, conforme retrocedemos en el tiempo aumentan las dificultades del empeño, en buena medida porque los más remotos son microscópicos, o microfósiles.

A principios de la década de 1980 se consideraba que los más antiguos eran las llamadas *isuasferas*, por haberse localizado en Isua, al suroeste de Groenlandia, con una edad estimada de 3800 Ma. Además, en Isua hay indicios químicos de actividad biológica con esa misma antigüedad, lo que se denominan *fósiles químicos*. Existían más presuntos microfósiles en otros lugares, pero el panorama se aclaró con la entrada en escena del paleontólogo estadounidense William Schopf, quien definió unos criterios de *biogenicidad* para asegurar el origen biológico de las muestras, evitando considerar como restos de vida lo que podían ser meras formaciones minerales con morfologías similares a ciertas estructuras biológicas.

Aplicando esos criterios, algunos supuestos microfósiles, como las isuasferas, quedaron bajo la categoría de dudosos, mientras que otros fueron descartados como falsos. Tras esa purga, los fósiles considerados verdaderos más antiguos pasaron a ser unas estructuras halladas por Schopf al noroeste de Australia, cerca del pueblo de Marble Bar, con una edad aproximada de 3500 Ma.

Sin embargo, varios autores sembraron dudas sobre la biogenicidad de los microfósiles de Schopf. Entre ellos destaca el cristalógrafo español Juan Manuel García-Ruiz, que demostró que mediante procesos inorgánicos podían formarse estructuras —a las que denominó *biomorfos*— similares a las de Schopf, que quedarían como microfósiles dudosos.

El paleontólogo inglés Martin D. Brasier, uno de los mayores críticos de Schopf, encontró en 2011, a escasos treinta kilómetros de donde este había trabajado, nuevos restos con mayores

> ¿MICROFÓSILES O BIOMORFOS?

El equipo liderado por Juan Manuel García-Ruiz, investigador del Laboratorio de Estudios Cristalográficos del Centro Superior de Investigaciones Científicas y la Universidad de Granada (España), ha demostrado que ciertas reacciones inorgánicas pueden producir estructuras complejas que no solo imitan la textura de los biominerales actuales, sino también la morfología de organismos primitivos... y además pueden catalizar reacciones prebióticas. Estas reacciones producen moléculas orgánicas a partir de elementos y compuestos inorgánicos, un paso previo e imprescindible para la aparición de la vida. En 2017 García-Ruiz y su equipo demostraron que varias formas de autoensamblaje mineral también ocurren en aguas naturales muy alcalinas y ricas en sílice, que pueden dar lugar a diferentes tipos de biomorfos, algunos de ellos con interesantes capacidades catalíticas. El autoensamblaje inducido por sílice podría haber sido un fenómeno común en entornos alcalinos no solo de la Tierra primigenia, sino también de planetas extrasolares de tipo terrestre. Según este investigador, el autoensamblaje y la catálisis mineral podrían tener un papel relevante en casi cualquier astro donde se origine vida.

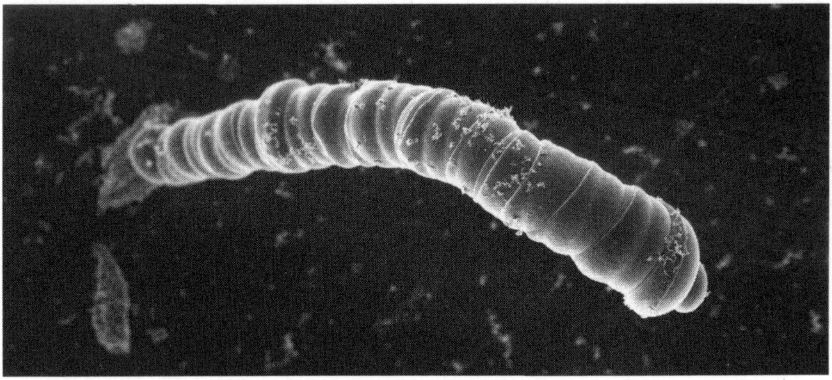

— La fotografía muestra un biomorfo de origen inorgánico cuyo aspecto se asemeja al de una estructura biológica.

garantías de autenticidad y una antigüedad de 3400 Ma (véase la imagen A de la página siguiente).

Pero en 2016 Isua volvió a la escena gracias al hallazgo de unas estructuras conocidas como *estromatolitos* (según la etimología griega, «alfombras de piedra») de 3700 Ma de antigüedad (imagen B de la página contigua). Como las conchas de los moluscos o los dientes de los vertebrados, los estromatolitos son *biominerales*, minerales formados a partir de procesos biológicos. Los estromatolitos vivos son estructuras estratificadas, con un tamaño entre milímetros y decímetros, producidas por la captura, unión, y precipitación de sedimentos debidas a la influencia de microorganismos. Lo que se habría encontrado en Isua —como antes en el oeste de Australia y en otros lugares— serían las contrapartidas fósiles. Sin embargo, se ha sugerido que estas estructuras podrían tener un origen puramente inorgánico, por lo que se necesita que cumplan criterios de biogenicidad adicionales. En 2017 Tue Hassenkam, de la Universidad de Copenhague, afirmó haberlos satisfecho, en otra muestra de Isua de similar antigüedad, mediante el análisis de posibles restos bioquímicos con una novedosa técnica microscópica.

Los pretendidos vestigios fósiles más antiguos fueron hallados en 2017 por Matthew S. Dodd, investigador en el University College London (Reino Unido), y sus colaboradores. Se trata de restos de al menos 3770 Ma encontrados en rocas sedimentarias de Quebec, Canadá. Como vemos en la imagen C de la página contigua, son tubos y filamentos microscópicos de óxido de hierro, supuestamente formados por bacterias que vivían en torno a fuentes hidrotermales, grietas en la superficie terrestre, con frecuencia en fondos oceánicos, de las que surge agua caliente.

En definitiva, los datos actuales nos dicen que es muy probable que hubiera vida en nuestro planeta hace 3400-3700 Ma, y tal vez hace 3800-4000 Ma. En todo caso, no se puede descartar

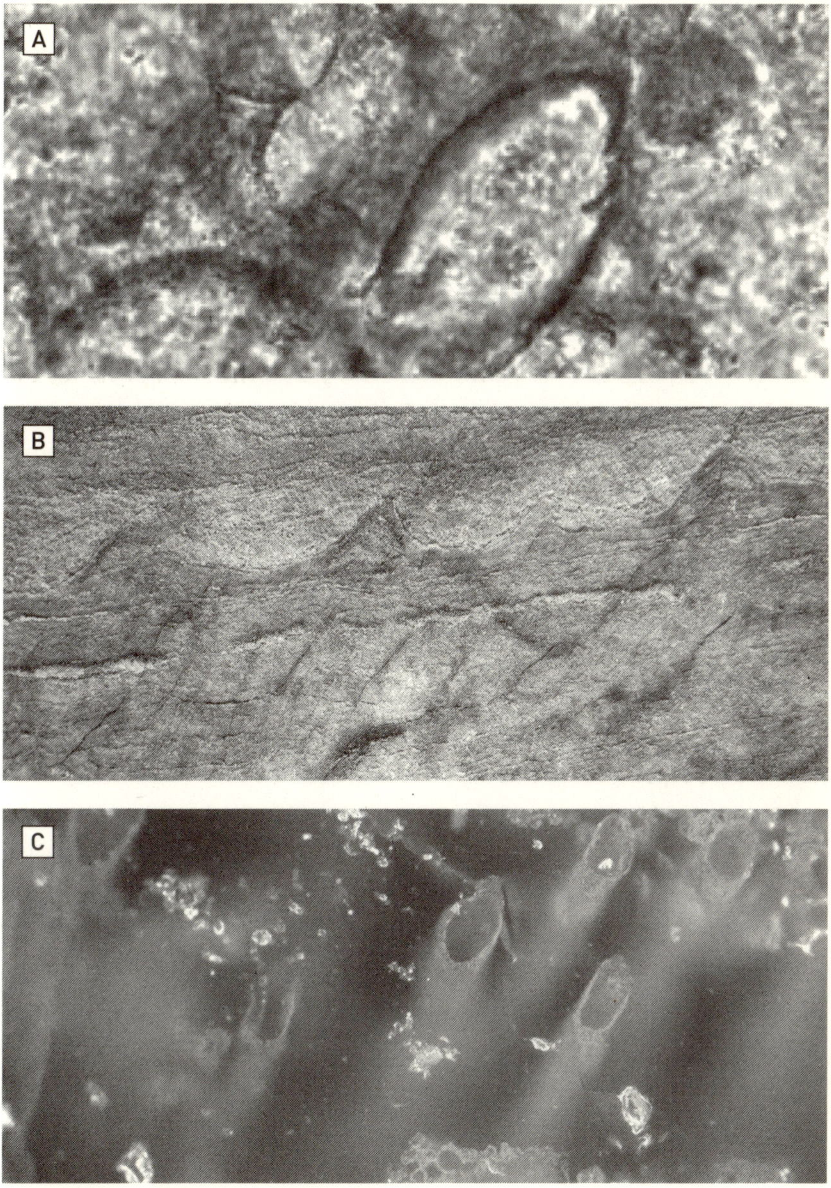

(**A**) Microfósiles de unos 3 400 Ma de antigüedad (oeste de Australia). (**B**) Estromatolitos fósiles de 3 700 Ma (Isua, Groenlandia). (**C**) Microtubos ricos en hierro de al menos 3 770 Ma (Quebec, Canadá).

que la vida apareciera incluso antes de esas fechas, aunque no hayamos encontrado huellas de tanta antigüedad. Teniendo todo esto en cuenta, nos quedaremos en torno a los 3700-4000 Ma para preguntarnos por aquella «situación de partida».

LA TIERRA ANTERIOR A LA VIDA

Los cosmólogos nos dicen que el universo se originó hace unos 13 800 Ma mediante una gran explosión o *big bang*. Los primeros átomos que se formaron fueron los de hidrógeno, sobre todo, y los de helio, que siguen siendo los más abundantes. Las primeras estrellas aparecieron unos 550 Ma después de la explosión, pero esas estrellas de primera generación no podían albergar sistemas planetarios en los que se desarrollara vida como la nuestra, sencillamente porque el carbono, el oxígeno, el nitrógeno, el fósforo y el azufre (C, O, N, P y S) aún no existían.

Para formarse estos y otros elementos pesados fueron necesarias las presiones y temperaturas extremas generadas en el núcleo de estrellas muy masivas (de tipo O y B, sobre todo), mediante procesos que aclaró el astrofísico británico Fred Hoyle. Tales estrellas tienen una vida corta y acaban estallando en forma de supernovas, diseminando así sus elementos pesados en nubes de polvo y gas que pueden contribuir a la formación de nuevos sistemas estelares de segunda generación. Estos ya podrían contener planetas con C, O, N, P, S, etc., pero en baja proporción. La relativa abundancia de estos elementos en nuestro sistema solar hace pensar que puede ser hasta de tercera generación. Así pues, cuando se recuerda que, como dijo el célebre astrofísico y divulgador estadounidense Carl Sagan, somos polvo de estrellas, podemos añadir que se trata de un polvo bastante reciclado. Y constituido por elementos hoy muy comunes: C, H, O y N son cuatro de los cinco más abundantes en el universo y en el sistema solar. El helio, segundo en abundancia, es demasiado inerte, lo que significa que no reacciona con otras sustancias, y, por tanto, no desempeña ningún papel biológico.

En definitiva, para que llegara a aparecer la vida tal como la conocemos hubo de pasar un tiempo mínimo en el universo que permitiera el nacimiento de sistemas planetarios de al menos segunda generación.

Nuestro planeta se formó, junto con el resto del sistema solar, hace aproximadamente 4570 Ma, según indican las dataciones de los meteoritos más antiguos. Todo el sistema se generó a partir de una nebulosa de gas y polvo, cuyos materiales se fueron agregando debido a la atracción gravitatoria.

Diversas pruebas indican que, cuando la Tierra tenía entre treinta y cien millones de años y era del tamaño de Venus, impactó contra ella un cuerpo de un volumen comparable a Marte al que se llama Tea, como la madre de Selene, la diosa lunar. Los frutos de esa enorme colisión, según la conocida como teoría del gran impacto, fueron una Tierra más grande y un satélite. Nuestra luna no solo es notable por la belleza que ofrece en las noches terrestres y por sus efectos de marea. Además, la gravedad lunar contribuye a mantener la inclinación del eje de rotación terrestre. Dado que esta determina la sucesión de las estaciones en nuestro planeta, se puede decir que la Luna constituye un importante estabilizador climático.

La Tierra recién formada, fundida y ardiente, era incompatible con la vida. Ese carácter «infernal» llevó a denominar el período que va desde la formación del planeta hasta hace 4000-3850 Ma —la fecha aún se discute— como eón Hadeico, o Hádico, en alusión a Hades, el dios griego del inframundo. Sin embargo, el progresivo enfriamiento terrestre propició que hace unos 4400 Ma ya hubiese una corteza sólida y empezara a acumularse el agua líquida, unas condiciones en las que podría haber aparecido la vida. No obstante, aunque así hubiera sido, generalmente se admite que esa vida no sería «la nuestra», pues hace entre 4000 y 3850 Ma se produjo lo que se conoce como «el último gran bombardeo» de meteoritos y cometas, algunos de los cuales podrían haber vaporizado los océanos, por lo que habría que volver a empezar, y quién sabe cuántas veces. Sin embargo, puede que la pérdida de los océanos no fuese total y que la vida superase esos episodios, en cuyo caso su origen podría remontarse mucho más allá de los 4000 Ma.

Pero si, como piensan muchos expertos, solo pudo mantenerse la vida surgida a partir de hace unos 3850 Ma, y si los vestigios que datan de entre unos 3800 y 3500 Ma corresponden realmente a seres vivos, la vida habría necesitado «solamente» y como mucho, entre 50 y 350 Ma para desarrollarse. Una rápida formación de la vida hace pensar que es un proceso probable y aumenta las expectativas de vida extraterrestre.

Ya hemos acotado en el tiempo la situación de partida para la vida. Hace 3850 Ma, la Tierra entró en una fase en la que los «sobresaltos» por entradas desde el espacio fueron mucho menores, aunque en absoluto despreciables. Los yacimientos sedimentarios de Isua demuestran que la Tierra estaba suficientemente fría para albergar agua líquida, y podía llevar así varios cientos de millones de años. De hecho, lo que cabría temer es que llegase a estar demasiado fría. La razón es que en ese tiempo la intensidad de la radiación solar total sería aproximadamente un 25-30% más baja que en la actualidad, según los cálculos de los astrónomos; de hecho, sigue aumentando a razón de un uno por ciento cada cien millones de años. Los modelos predicen —o retrodicen— que, en aquellas condiciones, una Tierra con una atmósfera como la actual habría estado totalmente congelada, algo que las rocas de Isua desmienten. La única posibilidad verosímil para mantener una temperatura compatible con el agua líquida es el efecto invernadero, lo que nos lleva a interesarnos por la atmósfera.

EVOLUCIÓN DE LA ATMÓSFERA E HIDROSFERA TERRESTRES

La composición de la atmósfera terrestre primitiva constituye un campo muy controvertido. La hipótesis más aceptada establece que la Tierra recién formada tendría una gran proporción de helio, nitrógeno, agua, y de lo que se denominan *gases reductores*: dihidrógeno (H_2), y, en menor proporción, metano (CH_4), amoniaco (NH_3), etc. A diferencia de los gases oxidantes, como el oxígeno molecular (O_2) o el dióxido de carbono (CO_2), en los que abundan los átomos de oxígeno, los gases reductores son ricos en hidrógeno. Esta atmósfera primaria perdería con relativa rapidez el helio y el hidrógeno por su ligereza, en un escape hacia el espacio acelerado por las altas temperaturas iniciales, los frecuentes impactos meteoríticos y el viento solar. Las concentraciones de metano y amoniaco disminuirían mucho por la acción de la radiación solar, que rompe sus moléculas en un proceso llamado *fotólisis*.

Al mismo tiempo, esa atmósfera reductora se iría enriqueciendo con gases procedentes del interior de la Tierra debido a emisiones provocadas por un vulcanismo mucho más intenso que el actual. Así, se elevaría la presión atmosférica y la concentración, sobre todo, de dióxido de carbono, agua, nitrógeno y, en menor medida, monóxido de carbono (CO), amoniaco, metano... La concentración de CO_2 pudo llegar a ser entre cien y mil veces superior a la actual. Recordemos que el CO_2 es también el gas predominante en las atmósferas de nuestros vecinos Venus y Marte. Respecto al oxígeno molecular (O_2), tan crucial hoy para nuestra supervivencia, en aquellos momentos apenas existirían trazas. El que se pudiera formar mediante diversos mecanismos duraría poco, dada su reactividad.

Esa abundancia de dióxido de carbono satisface, al menos en su mayor parte, el efecto invernadero que habría sido necesario para que la Tierra no estuviese totalmente congelada. Pero algunos autores estiman que aún no salen las cuentas y postulan que

> ACONTECIMIENTOS CLAVE EN LOS COMIENZOS DE LA VIDA EN LA TIERRA

La Tierra primigenia fue modificando su atmósfera por la pérdida de algunos gases y la ganancia de otros, procedentes de los volcanes. Asteroides y cometas aportaron gran cantidad de agua y otros ingredientes que tal vez propiciasen «la chispa de la vida». Aunque también puede que esta saltara en los fondos oceánicos. Por fin surgieron los primeros organismos y, más adelante, el LUCA, a partir del cual la vida emprendió un maravilloso y complejo proceso de diversificación.

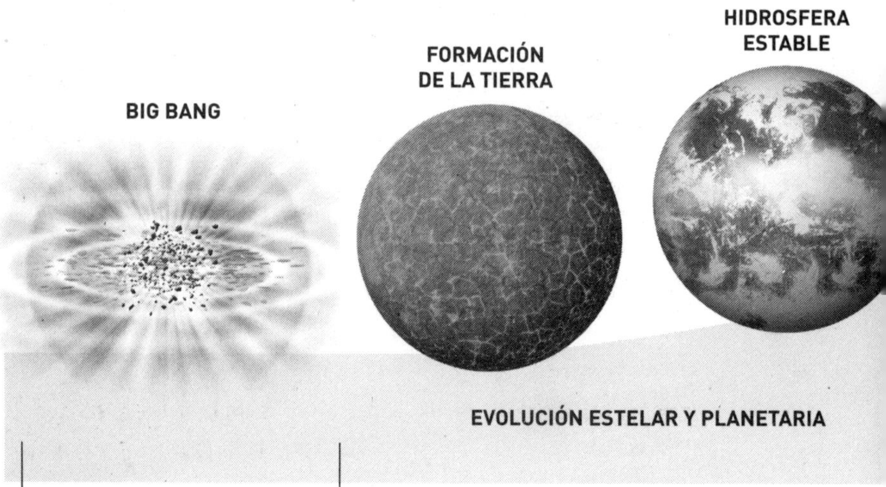

13 800 Ma

Hace 13 800 Ma el Big Bang originó el universo.

4 570 Ma

Hace unos 4 570 Ma se formó la Tierra. Poco más de 100 Ma más tarde ya pudo tener agua líquida en la superficie y comenzar la vida, pero esta tal vez no fuera estable hasta que cesó el «gran bombardeo meteorítico» hace unos 3 850 Ma.

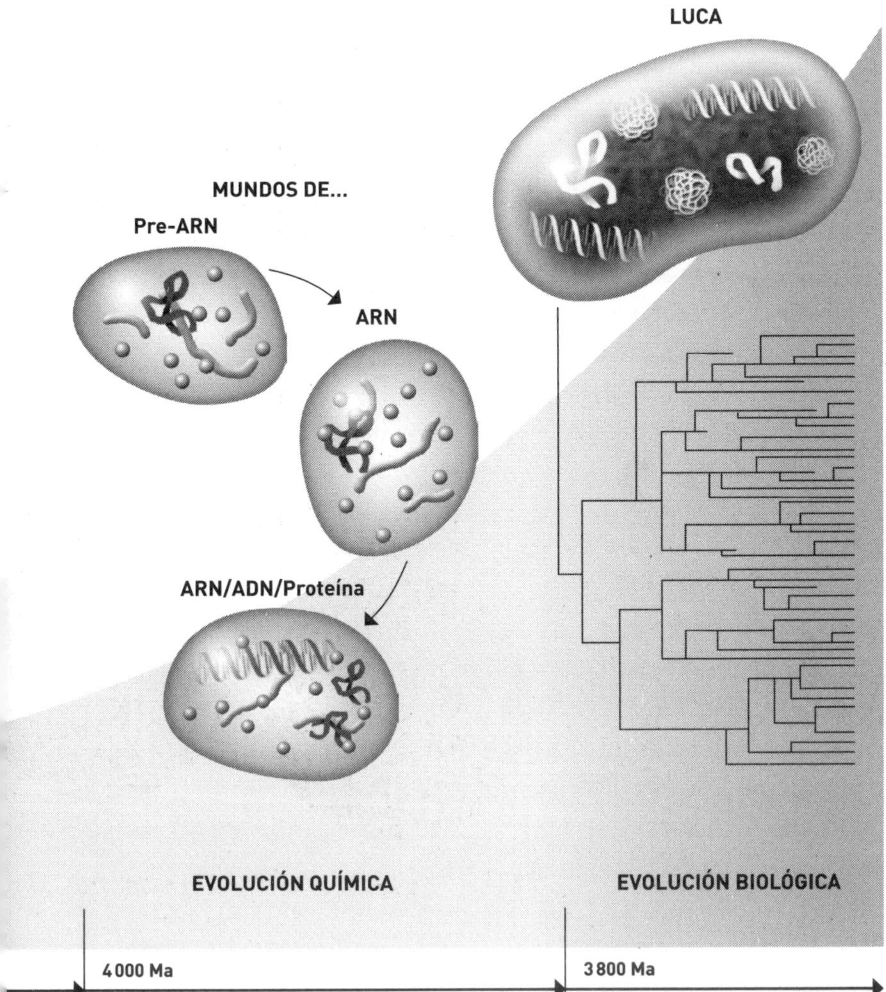

Los primeros seres vivos, hace unos 4000 Ma, serían células que funcionaban gracias a los ARN, que cumplían tareas genéticas y enzimáticas. Los precederían moléculas similares pero más sencillas.

Los ARN dieron paso al ADN y a las proteínas, ya presentes en el LUCA, el último antepasado común de todos los seres vivos que pueblan la Tierra, que pudo existir hace más de 3800 Ma.

sería necesaria la contribución al efecto invernadero de otros gases como el amoniaco y el metano. Y, por supuesto, el agua.

La Tierra prístina ya tenía agua, esencial para la vida que conocemos; tengamos en cuenta que es la molécula triatómica (dos átomos de hidrógeno y uno de oxígeno) más estable y abundante del universo. El agua fue saliendo a la superficie, y también fue llegando cada vez más desde fuera de la Tierra. Los cometas, esos cuerpos que el astrónomo estadounidense Fred Whipple describió en los años cincuenta del siglo pasado como «bolas de nieve sucia», procedentes del cinturón de Kuiper —más allá de Neptuno— o de la nube de Oort —mucho más lejos—, y los asteroides, caerían sobre la Tierra con una frecuencia mucho mayor que la actual, aportando probablemente gran cantidad de agua adicional. De este modo, el agua superficial se hizo cada vez más abundante.

La temperatura media del planeta no sería muy distinta de la presente, aunque no se excluyen épocas más cálidas ni algún período glacial. Por otro lado, la contemplación de la Luna impresionaría sobremanera a un imaginario espectador por su mayor tamaño aparente, aproximadamente el triple que el actual, al estar a un tercio de la distancia de la Tierra a la que se encuentra hoy —la Luna se sigue alejando unos 3,8 cm al año—. Más allá de ese aspecto estético, indiferente para lo que aquí nos interesa, esa cercanía de la Luna daría lugar a enormes mareas, que en su retirada dejarían abundantes charcas que sí son de interés prebiótico.

Los días de aquella Tierra primordial duraban unas quince horas, pues giraba más rápido que en la actualidad; se ha ido frenando por efecto de las mareas, y todavía la duración media de un día se alarga en 1,7 milisegundos aproximadamente cada siglo. No faltarían, claro, las tormentas acompañadas de rayos y truenos.

Ya tenemos un escenario de la situación de partida. Ahora conviene que nos hagamos una idea de adónde llevaron estas condiciones, es decir, de las características esenciales del LUCA.

UN ESBOZO DEL ÚLTIMO ANCESTRO COMÚN

La diversidad de los seres vivos que poblamos actualmente y que han poblado en algún momento la Tierra es sobrecogedora, pero en relación con el estudio de su origen, tenemos la suerte de que en el funcionamiento básico de todos ellos se aprecian unos notables denominadores comunes esenciales que, en principio, cabe esperar que estuvieran presentes en el LUCA.

La actividad y la reproducción de todos los seres vivos dependen de la información genética almacenada en el ácido desoxirribonucleico, o ADN (fig. 2). Este es un polímero, es decir, una cadena formada por la unión de muchas unidades similares, llamadas monómeros. Los monómeros del ADN son *nucleótidos*, en particular desoxirribonucleótidos. Cada uno consta de un azúcar de cinco carbonos (desoxirribosa), entre uno y tres grupos fosfato y una base nitrogenada que puede ser adenina (A), guanina (G), timina (T) o citosina (C). En el ADN esos nucleótidos aparecen en secuencias específicas, que se representan con las letras de sus bases nitrogenadas, por ejemplo, GGCGCTGAC.

Una secuencia de nucleótidos que contiene la información necesaria para sintetizar una determinada proteína es lo que se denomina un *gen*. La información genética se transmite y se conserva a lo largo de sucesivas generaciones gracias a un sofisticado mecanismo de replicación. El ADN es una doble cadena en la que las bases quedan hacia el interior y se emparejan de forma específica: adenina con timina (A-T) y guanina con citosina (G-C). Cuando las células se dividen, el ADN debe replicarse, con el fin de dotar a la célula hija de una copia del ADN de la célula original. Para ello, las dos cadenas se separan y cada una sirve de molde para sintetizar una nueva cadena, que será complementaria a ella. Así, las dos dobles cadenas resultantes serán iguales entre sí y también iguales a la doble cadena original, salvo que se produzcan errores.

FIG. 2

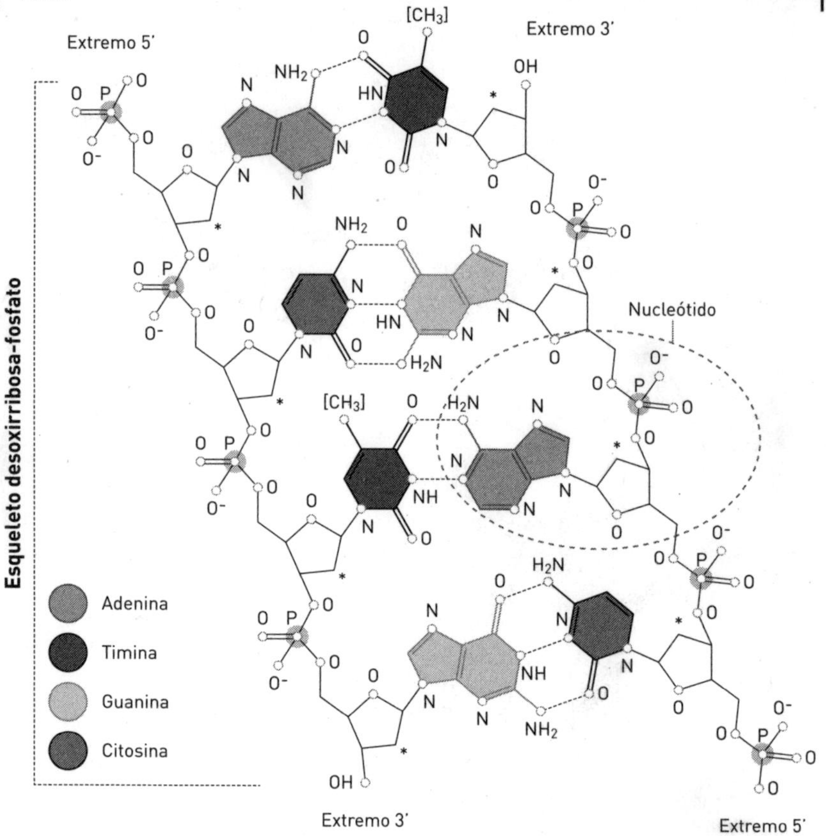

Estructura de la doble cadena del ADN. El ARN tiene como azúcar ribosa (grupos –OH donde hay *), uracilo en vez de timina (H en lugar de $[CH_3]$), y se encuentra generalmente como cadena sencilla.

La información que contienen los genes en las secuencias de ADN se transcribe en ácidos ribonucleicos o ARN (fig. 3), un tipo de ácidos nucleicos que tienen el azúcar ribosa en vez de desoxirribosa, y la base uracilo (U) en lugar de timina. El uracilo, como la timina, se empareja con adenina (A-U). La información transcrita en los ARN mensajeros (ARNm), se traduce

FIG. 3

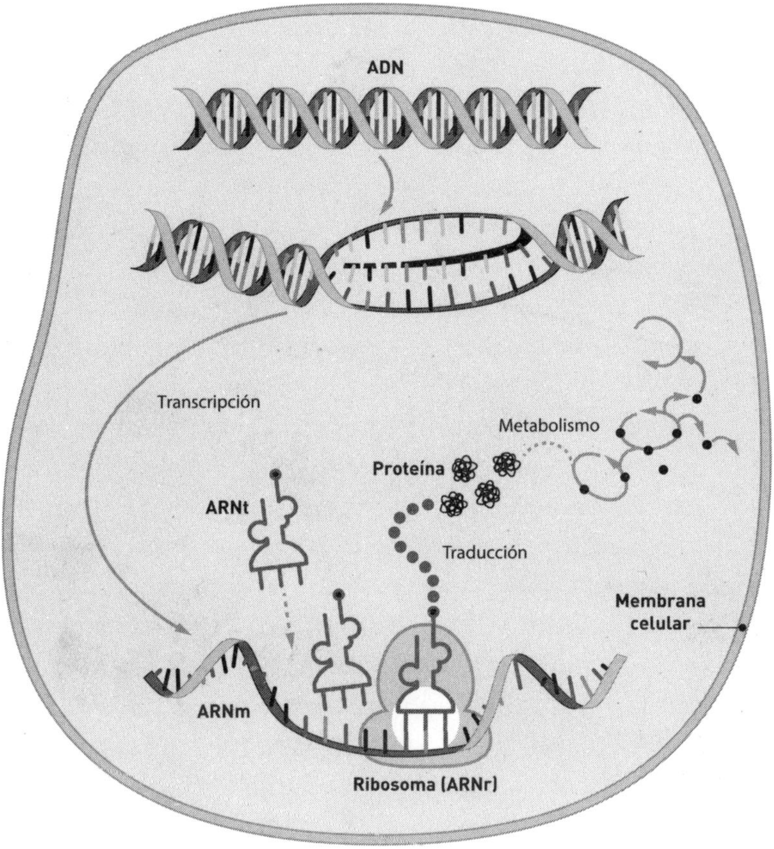

La unidad bioquímica de la vida presenta tres características: una base genética, un metabolismo y una celularidad o compartimentación.

a proteínas gracias a unos orgánulos llamados *ribosomas,* formados por proteínas y ARN ribosómico (ARNr), con la necesaria participación de los ARN de transferencia (ARNt), como muestra la figura 3. En esa traducción se utiliza un código genético, por el que cada grupo de tres nucleótidos o *triplete* determina un aminoácido. Se dice que este código es universal porque es esencialmente el mismo en todas las especies: el triplete GCA, por ejemplo, codifica el aminoácido alanina en una ameba, en un olivo o en un cocodrilo.

Todas las proteínas se construyen inicialmente a partir de veinte aminoácidos que, como monómeros, se unen entre sí formando polímeros, en un orden determinado por las secuencias de los genes que las codifican. Por ejemplo, la secuencia de bases CCGCGACTG en el ADN origina una cadena GGCGCUGAC de ARNm, y esta da lugar a la secuencia de aminoácidos glicina-alanina-aspartato. La unión de varios aminoácidos da lugar a un *péptido*, y cuando el número de aminoácidos supera la centena, entonces hablamos de proteínas. La secuencia de aminoácidos de cada proteína determina sus propiedades.

Todos nos mantenemos vivos gracias al trabajo de unas proteínas que funcionan como catalizadores, es decir, aceleran las reacciones bioquímicas que constituyen el metabolismo: se trata de las enzimas. El metabolismo consiste en una compleja red de reacciones químicas esencial para el mantenimiento de las estructuras y para el buen aprovechamiento de la materia y la energía intercambiadas con el medio, entre otras cosas. En él participan otras moléculas, como los glúcidos y los lípidos. Los genes, los ARN, las proteínas y los intermediarios metabólicos constituyen redes complejas sometidas a sofisticados, y en buena parte desconocidos, mecanismos de control; el físico rumano Albert-László Barabási ha avanzado pasos decisivos en el entendimiento de esas redes, en las que, como en la red de internet, hay pocos nodos muy conectados con el resto de los elementos, y muchos nodos poco conectados.

Todos los seres vivos tenemos, además, una estructura celular: ácidos nucleicos, enzimas, etc., están englobados y protegidos dentro de una membrana doble de proteínas y fosfolípidos. Las membranas, muy activas, controlan el paso de moléculas a su través y las relaciones de las células con su entorno. Pero no todas las células son iguales: hay células *procariotas*, las de las famosas bacterias y las menos conocidas arqueas, y células *eucariotas*. A diferencia de las procariotas, las células eucariotas tienen el ADN encerrado en un núcleo, y también otros orgánulos internos rodeados de sus propias membranas. Son células más complejas y de mucho mayor tamaño, y las presentan todos los organismos pluricelulares, además de algunos unicelulares, como ciertos hongos y protistas.

A menudo se hace referencia a estos denominadores comunes moleculares como «la unidad bioquímica de los seres vivos». Según compendia el biólogo húngaro Eörs Szathmáry, estos poseen, en esencia, tres características interrelacionadas, que se representan en la figura 3: una base genética para la replicación de la información, un metabolismo para las relaciones y el automantenimiento, y una celularidad o compartimentación. El acoplamiento entre las tres permite el juego evolutivo, basado en una reproducción con variaciones y en la acción de la selección natural, dependiente del entorno. Al ser tan extraordinaria la unidad bioquímica de la vida —pese a su asombrosa diversidad—, pensamos que solo es posible explicarla porque todos los seres vivos tenemos un mismo antepasado que ya poseía esas características: el LUCA. Por ahora nos basta este retrato borroso, pero más adelante intentaremos enfocarlo y dotarlo de todos los detalles posibles.

La evolución química de la sopa primordial

El naturalista inglés Charles Darwin cambió para siempre la visión de nuestros orígenes y, en consecuencia, de nuestra posición en el mundo y de quiénes somos. Su maravillosamente sencilla teoría de la evolución mediante selección natural ofrecía un marco teórico que no ha hecho sino confirmarse y enriquecerse gracias a las aportaciones de generaciones de científicos de diversas áreas. «Nada tiene sentido en biología si no es a la luz de la evolución», la célebre frase que escribió el genetista ruso Theodosius Dobzhansky en 1973 es hoy una evidencia. Aunque no hay ninguna definición de vida que satisfaga a todos, la evolución está presente en la mayoría de ellas. Pero ¿cómo se puso en marcha? ¿Qué se puede decir del origen de la evolución?

El genio de Darwin le hizo ser muy consciente de la gran dificultad que suponía responder a esta cuestión, y de la imposibilidad de abordarla con los conocimientos de su tiempo. Por ello eludió tratarla en sus libros, aunque encontramos sus ideas en la correspondencia privada. En una carta dirigida en 1871 al botánico y explorador inglés Joseph D. Hooker, sugería que la vida pudo originarse mediante procesos meramente químicos alimentados con diversas fuentes de energía, y presentó un escenario: «una pequeña charca de agua templada». Faltaba más de medio siglo para que un ruso y un inglés retomaran y desarrollasen tan extraordinaria idea. En 1882 Darwin le decía al geólogo Daniel Mackintosh:

> Aunque en mi opinión aún no hay pruebas a favor de que un ser vivo se haya desarrollado a partir de materia inorgánica, no puedo evitar creer en la posibilidad de que esto se probará algún día, de acuerdo con la ley de la continuidad.

Mientras que solo en las cartas alude a la situación de partida, la idea del antepasado común universal sí que aparece en el final de *El origen de las especies* (1859), en el que asombra la afirmación de que todas las formas de vida proceden de «un pequeño número de formas» o incluso de una sola, todo un anticipo del concepto del LUCA.

Así pues, Darwin apuntó, con precaución y sobre la base de una información que hoy nos parece mínima, tanto el principio como el final del camino que ahora estamos intentando reconstruir. Es difícil exagerar su clarividencia.

SIMULACIÓN DE LA TIERRA PRIMITIVA EN EL LABORATORIO

Hubo que esperar a la década de 1920 para que nuevos científicos afrontaran de manera seria el problema del origen de la vida. Lo hicieron de forma independiente y casi simultánea el bioquímico ruso Aleksandr Ivánovich Oparin, con su libro *El origen de la vida* (1924), y el genetista inglés John Burdon Sanderson Haldane, con un artículo escrito en 1929 sobre el mismo tema.

> ALEKSANDR IVÁNOVICH OPARIN

— Aleksandr I. Oparin, uno de los primeros científicos que plantearon una explicación bioquímica para el origen de la vida.

El bioquímico ruso, nacido en 1894, se adhirió pronto al pensamiento evolucionista de Darwin, si bien no leyó la carta que este escribió a Joseph D. Hooker, en la que planteaba el origen de la vida como un proceso químico alimentado por varias fuentes de energía. Aunque el ambiente científico en la URSS era contrario a tales ideas, el materialismo marxista sí favoreció su concepción del origen de la vida. Oparin se vio influido por las ideas erróneas sobre el origen inorgánico del petróleo de quien fue el descubridor de la primera tabla periódica de los elementos, Dimitri Mendeléiev, y supo que en los meteoritos hay compuestos orgánicos. Las ideas evolucionistas del bioquímico soviético se plasmaron en sus libros y tuvieron un impacto extraordinario. Sus propuestas se propagaron sobre todo desde 1952, cuando el químico estadounidense Harold C. Urey las incluyó en un artículo sobre la Tierra temprana y el origen de la vida. La importancia del trabajo de Oparin se basaba en el nivel de detalle de su hipótesis —mucho mayor que en la de Haldane—, que la hacía susceptible de estudio experimental. Son comprensibles sus errores, propios de una época en la que ni siquiera se sabía que el ADN es el material genético. El hecho es que Oparin metió de lleno el origen de la vida en el terreno científico.

Tanto Oparin como Haldane idearon el concepto de *evolución química*, según el cual en los mares primitivos se generaría una *sopa orgánica* o caldo primigenio capaz de ir ganando en complejidad hasta dar lugar a unas células simples de las que acabarían derivando todos los seres vivos. En 1936 Oparin publicó un segundo libro, donde desarrollaba la cuestión con más detalle, lo que proporcionó mayor relevancia a sus ideas.

Durante años no hubo avances ni iniciativas experimentales, seguramente debido al pobre desarrollo de la química analítica. Pero casi dos décadas después, a principios de los años cincuenta, la versión inglesa del segundo libro de Oparin acabó llegando a manos del premio Nobel de Química estadounidense Harold C. Urey. En octubre de 1951, Urey impartió en la Universidad de Chicago un seminario sobre el origen del sistema solar en el que sugirió experimentos para formar compuestos orgánicos basados en el carbono a partir de los componentes de las atmósferas primitivas, lo que impresionó a un joven de veintiún años, recién licenciado en Química, llamado Stanley Lloyd Miller.

En 1952, Urey escribió un artículo sobre el mismo asunto, y a los pocos meses, Miller se presentó en su despacho proponiéndole realizar los experimentos para su tesis doctoral. Aunque reticente, Urey dio un visto bueno prudencial a la aventurada propuesta: si en seis meses no tenía éxito —como era de esperar—, cambiarían el tema de la tesis.

De inmediato, entre ambos diseñaron y mandaron construir un circuito cerrado de vidrio del que Miller extrajo todo el aire y, en condiciones de esterilidad, lo sustituyó por agua líquida y una mezcla gaseosa de hidrógeno, amoniaco y metano (fig. 1), los gases que, según Urey y el pensamiento de la época, habría en la atmósfera de la Tierra primitiva cuando apareció la vida. El dispositivo quería recrear lo esencial de aquella Tierra. En un matraz inferior se hacía hervir el agua, que representaba los océanos, lagos y

FIG. 1

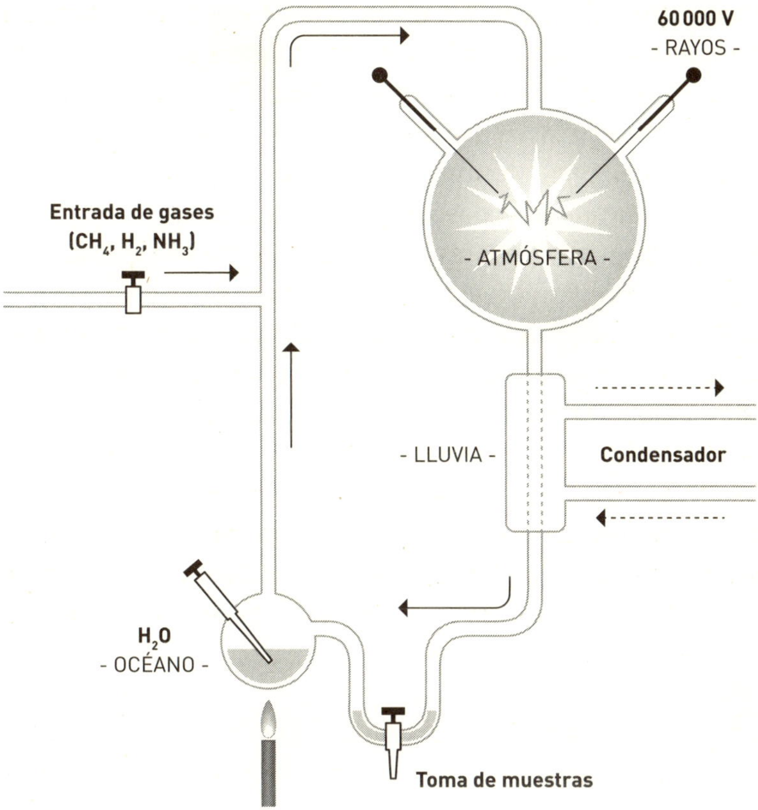

En el experimento de Miller se recrearon las condiciones ambientales de la Tierra prebiótica. El resultado fue la generación de aminoácidos y otras moléculas orgánicas a partir de agua y una mezcla gaseosa de metano, hidrógeno y amoniaco.

charcas, y un circuito refrigerante la condensaba para que volviera como «lluvia» al océano, cerrando el ciclo del agua. En el matraz superior, que hacía el papel de la atmósfera, se producían descargas eléctricas de 60 000 V que simulaban los rayos de las tormentas ancestrales.

Al cabo de unos días, Miller observó que el agua se teñía de un color marrón y precipitaba una especie de alquitrán. Tomó una muestra acuosa y analizó los productos. Para su asombro, encontró que en tan poco tiempo se habían sintetizado diversos compuestos orgánicos, entre los que destacaban ¡varios aminoácidos!, las moléculas con las que se fabrican las proteínas.

Los impresionantes resultados del experimento fueron publicados en el número del 15 de mayo de 1953 de la revista *Science*, en un artículo firmado solo por Miller. Urey quiso dejar a su joven alumno todo el honor del histórico hallazgo, que suponía un enorme apoyo al concepto de evolución química. Las expectativas que se levantaron fueron formidables: si a las primeras de cambio y en tan poco tiempo se había conseguido la síntesis de los «bloques» con los que se construyen las proteínas, ¿qué no se lograría con más tiempo y otras fuentes de energía? Diarios y revistas como *Newsweek* y *Time* recogieron los descubrimientos con sugerentes fotos de Stanley Lloyd Miller ante su aparato, en el que destacaba el brillo de «la chispa de la vida», como la que puede verse en la imagen inferior izquierda de la página 69.

CÓMO COCINAR SOPA ORGÁNICA

El experimento de Miller supuso el nacimiento de una nueva disciplina: la química prebiótica; en los años siguientes se sucedieron multitud de experimentos de simulación de las condiciones de la Tierra primitiva.

Algunos de los que lograron mayor alcance los realizó el bioquímico español Joan Oró, entonces en la Universidad de Houston. A finales de la década de 1950 nadie había conseguido obtener ninguna de las bases de los ácidos nucleicos (A, G, C, T y U), claves para la transmisión de la información genética. En 1959, Oró hizo un arriesgado experimento en el que, a partir de ácido cianhídrico, obtuvo al fin adenina (A). Después, entre Oró y Miller consiguieron la guanina (G), y otros investigadores lograron el resto de las «letras», si bien con peor rendimiento.

LOS DERIVADOS ORGÁNICOS DEL CIANURO Y DEL FORMOL

En los experimentos se fueron empleando las fuentes de energía más probables en la Tierra primitiva, sobre todo radiación visible y ultravioleta —que llegaba sin el filtro de la capa de ozono—, descargas eléctricas, calor y radiactividad. Se reprodujeron distintos escenarios, acuáticos sobre todo —lo que incluía las interfases atmósfera-agua y mineral-agua—, pero también se recrearon ambientes gaseosos, como los aerosoles, que son partículas sólidas o líquidas suspendidas en un gas.

De esa multitud de ensayos puede extraerse un dato importante: el ácido cianhídrico (HCN) y el formaldehído (CH_2O) son intermediarios esenciales en muchas de las reacciones de síntesis de biomoléculas. Es paradójico que uno de los venenos más temidos, el cianuro, y un clásico conservante de cadáveres, el formol (formaldehído en agua), pudieran ser claves para la aparición de la vida. Por descontado, junto a esa extraordinaria molécula que es el agua. También fue decisiva la ausencia de oxígeno: si Miller lo hubiera incluido en su mezcla de gases, no habría detectado aminoácidos, ya que el oxígeno libre habría reaccionado con el hidrógeno, el amoniaco y el resto de moléculas originales, impidiendo que se produjeran las reacciones deseadas.

A partir del formaldehído se forman azúcares mediante la *reacción de la formosa*. Cianuros y aldehídos generan con relativa facilidad al menos una decena de los veinte aminoácidos con los que se fabrican las proteínas, y otros compuestos de posible interés prebiótico y probiótico (anterior a la vida y en favor de ella, respectivamente). El químico italiano Raffaele Saladino ha mostrado que quizás el precursor probiótico más prometedor sea un derivado del cianuro, la formamida (H_2NCOH), capaz de generar moléculas complejas de interés. De particular relevancia resulta la activación de estas síntesis por superficies minerales, incluidas las de origen meteorítico y los biomorfos de García-Ruiz.

Para recrear la evolución química se ha utilizado la estrategia de apoyarse en los resultados de experimentos previos. Es decir, si en los primeros experimentos se producen por un lado varios aminoácidos y por otro, azúcares, en un experimento posterior se parte de algunos de esos aminoácidos y azúcares en concentraciones superiores —invocando mecanismos de concentración como la evaporación o la congelación—, y tal vez en otro ambiente, por ejemplo, en presencia de arcillas, y así sucesivamente.

Hay que ser muy críticos con esta escalada si no está bien justificada, pues en muchos casos lleva a condiciones y resultados inverosímiles. Entre los compuestos de interés probiótico que, de momento, no se forman de manera creíble y suficiente tenemos, entre otros, varios aminoácidos, los nucleótidos de guanina y de adenina, fosfolípidos, y las proteínas y los ácidos nucleicos, que son polímeros de aminoácidos y nucleótidos, respectivamente. Incluso entre los que se forman bien, hay otra dificultad que veremos a continuación: la *quiralidad*.

PROTEÍNAS Y ÁCIDOS NUCLEICOS ZURDOS Y DIESTROS

En todos los seres vivos hay moléculas, como los aminoácidos (salvo la glicina), que pueden existir en dos formas simétricas del mismo modo que la mano derecha y la izquierda, es decir, son imágenes especulares que no se pueden superponer (fig. 2); se las llama, por eso, moléculas quirales (del griego *kéir*, «mano»).

FIG. 2

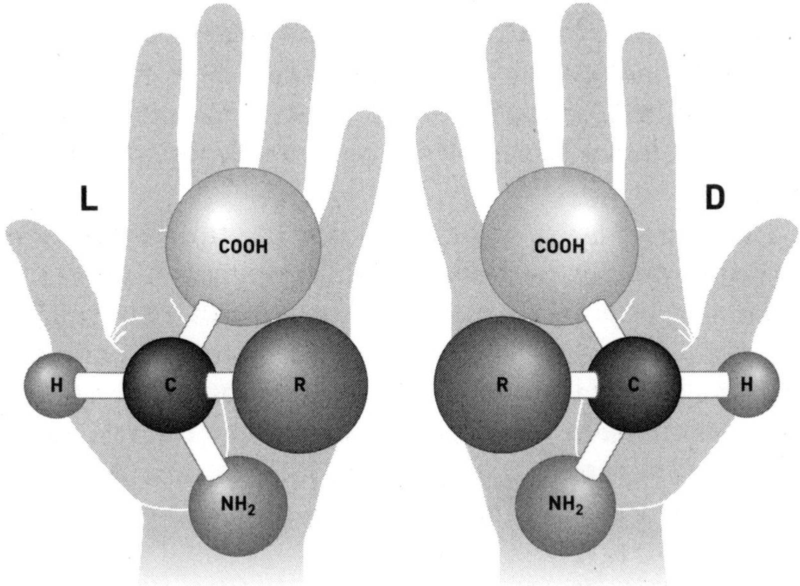

Representación de las dos formas quirales (L y D) de un aminoácido. Como las manos izquierda y derecha, son entre sí imágenes especulares y no superponibles.

Las dos formas quirales de una molécula tienen las mismas propiedades físicas y químicas, salvo el sentido en el que desvían la luz polarizada —cuyas ondas oscilan en un solo plano— y la forma en la que interaccionan con otras estructuras quirales (piénsese en cómo interacciona la mano derecha con un guante derecho y con uno izquierdo). Esas formas especulares se denominan L y D, del latín, *levo* y *dextro*, que significan «izquierdo» y «derecho», respectivamente. Todos los aminoácidos quirales que forman las proteínas son de tipo L, mientras que los azúcares de los ácidos nucleicos, ribosa en el ARN y desoxirribosa en el ADN, son de tipo D. Si no fuese así, ni proteínas ni ácidos nucleicos tendrían las estructuras adecuadas para cumplir su misión. Proteínas con todos sus aminoácidos D y ácidos nucleicos con todos sus azúcares L funcionarían igual; lo que no va bien es la mezcla de tipos, por lo que se requiere pureza quiral de los constituyentes. Cómo se consiguió esa pureza, y en qué momento, se desconoce. En los experimentos de simulación aparece una mezcla al cincuenta por ciento de los dos tipos.

EL OBSTÁCULO DEL DIÓXIDO DE CARBONO

La atmósfera que probablemente existía en la Tierra prebiótica era mucho más oxidante que la empleada por Miller en su experimento, en particular con una cantidad mucho mayor de dióxido de carbono que de metano. Cuando los experimentos se realizan con la atmósfera más probable, rica en CO_2, el rendimiento es mucho más bajo. Cabe pensar que si Miller hubiera hecho sus experimentos con una atmósfera más realista, no habría detectado —con los medios analíticos entonces a su alcance— nada interesante, habría cambiado el tema de su tesis, y la química prebiótica y los propios estudios sobre el origen de la vida se habrían retrasado, quién sabe cuánto. Bonito ejemplo de cómo un error propicia el avance científico.

Son muchos los autores que, considerando los bajos rendimientos, afirman que probablemente nunca ha habido una sopa orgánica satisfactoria para generar la vida. Sin embargo, cabe la posibilidad de recurrir a los mecanismos de concentración antes mencionados: la evaporación y la congelación. Es evidente que la evaporación origina un aumento de la concentración de las sustancias disueltas, en especial si se trata de aguas someras, como pequeñas charcas de agua dulce, o las de agua salada formadas al bajar la marea. Por otro lado, la congelación parcial de una masa acuosa origina dos fases: la congelada y la líquida, que puede quedar enriquecida en los productos de interés.

> EL ORIGEN DE LA QUIRALIDAD

Considerando L o D-aminoácidos (Laa, Daa) y L o D-azúcares (Laz, Daz), hay cuatro combinaciones posibles (Laa-Laz, Daa-Daz, Laa-Daz y Daa-Laz). Todos los seres vivos tenemos Laa y Daz, pero con Daa y Laz funcionaríamos igual de bien. La selección de nuestra pureza quiral pudo ser un accidente: una vez que, por azar, predominó uno de los tipos, se «adueñó» de la situación por las ventajas que ofrece la pureza quiral, con polímeros más estables y útiles. La otra posibilidad es que la «elección» no se debiera al azar, sino a alguna causa fisicoquímica. Un hallazgo de los físicos chinos Tsung-Dao Lee y Chen-Ning Yang, por el que recibieron el Nobel en 1957, llevó a predecir que los L-aminoácidos son ligerísimamente más estables y abundantes que los D, y los D-azúcares que los L. Como estas pequeñas ventajas se han confirmado y coinciden con lo que se ha seleccionado, diversos investigadores buscan la forma de que se haya amplificado la minúscula diferencia, por ejemplo por efecto de alguna radiación asimétrica sobre la Tierra primitiva y sobre el material que cayera del espacio. Según la hipótesis Vester-Ulbricht (1961), refrendada en 2014 por los físicos Joan Dreiling y Timothy Gay, los electrones de los rayos cósmicos dañarían preferentemente a los precursores de los L-nucleótidos, dejando en mayoría a los D. En el mismo sentido podría interpretarse el hecho de que en el meteorito de Murchison se haya detectado un exceso notable de algunos Laa.

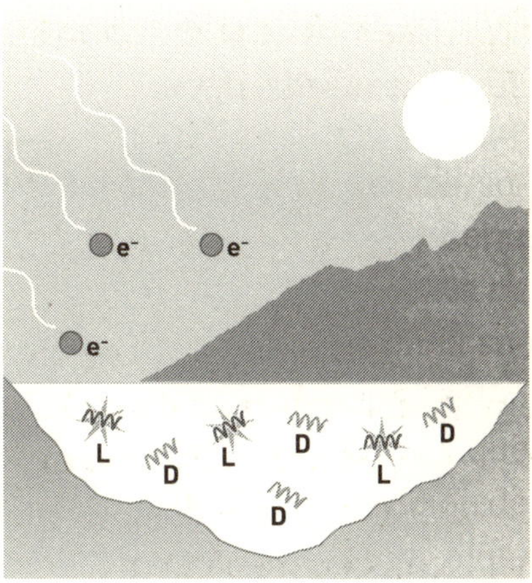

Los electrones de los rayos cósmicos dañan a los precursores L de los ácidos nucleicos.

Otra posibilidad es recurrir a *microambientes*; por ejemplo, las aguas próximas a una erupción volcánica podrían haber suministrado abundantes compuestos reductores, y los impactos de cuerpos procedentes del espacio pudieron generar un ambiente rico en monóxido de carbono, metano, etc. Pero estos cuerpos no solo proporcionan gases reductores, y muchos expertos piensan que con ellos llegaron a la Tierra moléculas fundamentales para el surgimiento de la vida.

¿INGREDIENTES EXTRATERRESTRES PARA LA SOPA ORGÁNICA?

El 29 de septiembre de 1969 cayó en Murchinson, una apartada localidad al sureste de Australia, un meteorito del que se recogieron unos 100 kg de fragmentos no contaminados, que se siguen analizando hoy en día (véase la fotografía superior de la página contigua).

Este meteorito, que presenta un 2% de carbono en su composición, tiene la edad del sistema solar. Contiene compuestos de interés probiótico, como algunos aminoácidos —sobre todo glicina y alanina— y bases de los ácidos nucleicos. Su presencia no es debida a contaminación, pues aparecen D-aminoácidos y bastantes compuestos orgánicos que no se encuentran en la Tierra. Es más, la composición se parece a los resultados del experimento de Miller. Aunque no se propone que las reacciones que los originaron tuvieran lugar en un ambiente como el simulado por Miller, el hallazgo de un cuerpo extraterrestre que contiene materiales de interés para la vida revela que estos se forman con facilidad de manera natural y por cauces diversos. Además, se está apreciando la posible importancia de la capacidad catalítica del material meteorítico.

Hoy sabemos, gracias a los espectros de la radiación procedente de lugares muy diversos del universo, que la extraordinaria

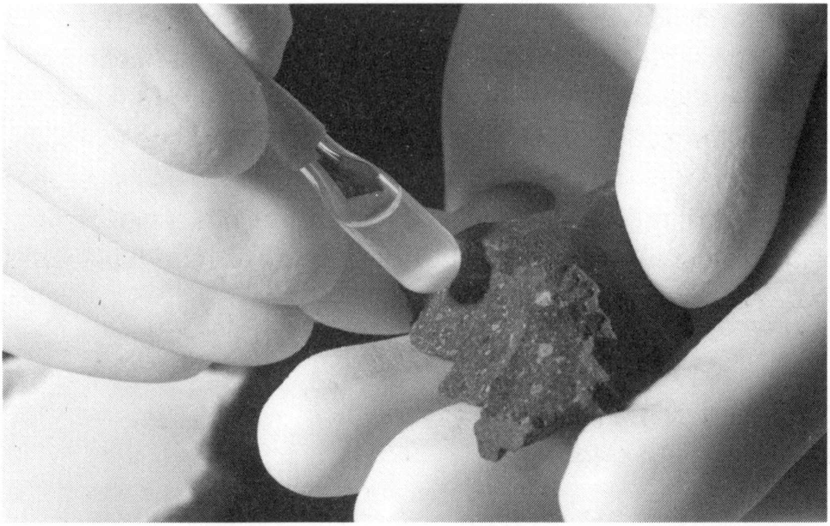

Arriba, fragmento del meteorito de Murchison. Debajo, a la izquierda, Stanley Miller junto al dispositivo con el que llevó a cabo su famoso experimento en 1953. A la derecha, imagen del cometa 67P/Churyumov-Gerasimenko, en el que se han hallado moléculas de interés probiótico, tomada por la sonda Rosetta.

química del carbono se da en todas partes, y en la actualidad, cada año caen a la Tierra toneladas de materia orgánica procedente del espacio, en cuerpos de composición y tamaño muy variado. Esa gran cantidad y diversidad conlleva una probabilidad considerable de que al menos parte de su materia orgánica sobreviva a la la destrucción debida al rozamiento con la atmósfera.

Es probable que, si la síntesis de sopa orgánica en la propia Tierra fue insuficiente debido al carácter demasiado oxidante de la atmósfera, la aportación extraterrestre la compensara. Sin embargo, no debe confundirse este mero aporte de «materiales de construcción» para la vida con la panspermia, que sería la llegada a la Tierra de seres vivos.

Algunos de los investigadores que siguen considerando que la sopa orgánica estaría demasiado diluida apelan a microambientes generados por la caída de cuerpos del espacio, en particular a las charcas producidas por la caída de cometas o meteoritos de suficiente tamaño. Los cometas, esas «bolas de nieve sucia», parecen tener una «suciedad» particularmente interesante. En 2014, los resultados del análisis del cometa 67P/Churyumov-Gerasimenko

FIG. 3

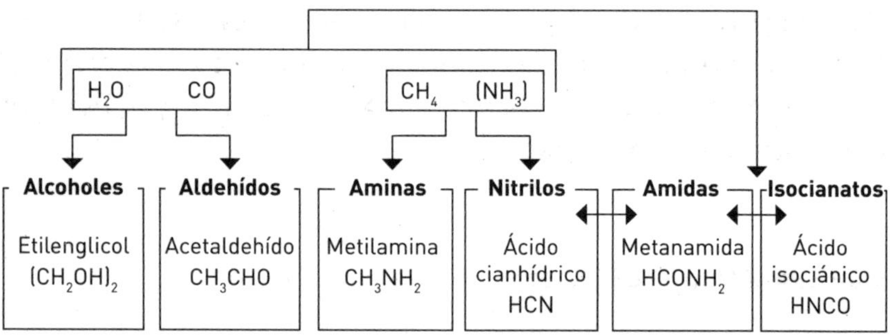

Química de interés probiótico en el cometa 67P/Churyumov-Gerasimenko, según el análisis del módulo Philae.

(véase la fotografía inferior derecha de la página 71) por el módulo de aterrizaje Philae, de la misión Rosetta de la Agencia Espacial Europea, confirmaron la existencia de compuestos como el ácido cianhídrico y derivados, otros compuestos nitrogenados, varios aldehídos y alcoholes, algunos de ellos detectados en cometas por vez primera (fig. 3).

En definitiva, los cometas y ciertos meteoritos podrían aportar, allí donde cayeran, una concentración relativamente elevada de moléculas de interés probiótico.

EL GRAN SALTO: DE PREBIÓTICO A VIVIENTE

Aunque aceptáramos la existencia en la Tierra primitiva de una sopa orgánica densa, de ahí a los primeros seres vivos hay un abismo, y más aún hasta el LUCA.

Para el funcionamiento del último ancestro común se requieren enzimas que se sintetizan gracias a la información contenida en los ácidos nucleicos. Pero para que los ácidos nucleicos se dupliquen y expresen la información hacen falta a su vez las enzimas —sin tener en cuenta, por el momento, las membranas—. Es el problema del huevo y la gallina aplicado al origen de toda la vida. Parece que hace falta que se forme todo a la vez, lo que de entrada se antoja enormemente improbable. Por fortuna, cuando parecíamos estar ante un callejón sin salida, llegó un descubrimiento inesperado.

VIDA SIN ADN NI PROTEÍNAS: EL «MUNDO DEL ARN»

Los químicos Thomas R. Cech, en 1982, y Sidney Altman, en 1983, mostraron de manera independiente que algunos ARN pueden funcionar como enzimas, una capacidad que parecía exclusiva de las proteínas. Los ARN con capacidad enzimática se denominan *ribozimas*. Por su descubrimiento, Cech y Altman recibieron el Premio Nobel de Química en 1989.

Gracias a las ribozimas, ya no hace falta suponer que surgieron a la vez las proteínas y los ácidos nucleicos que las codifican. Pudo existir lo que otro nobel de Química, Walter Gilbert, llamó con gran fortuna un «mundo del ARN», donde los ARN eran capaces de casi todo lo importante: portar la información genética y catalizar las reacciones bioquímicas. Esta idea ya había sido propuesta por Carl Woese, Francis Crick y Leslie Orgel a finales de la década de 1960.

El mundo del ARN está hoy muy ampliamente aceptado, pues no han dejado de acumularse los indicios a su favor. Las enzimas proteicas suelen ayudarse de *coenzimas*, pequeñas moléculas de naturaleza no proteica que se unen a la enzima y le permiten llevar a cabo su función. Muchas coenzimas son derivados de nucleótidos de ribosa y se interpretan como vestigios del mundo del ARN. Otro dato revelador (una «pistola humeante») es que la reacción clave de la síntesis de proteínas, la de unión entre los aminoácidos que las constituyen, no la cataliza una proteína, sino un ARN ribosómico (ARNr). Además de este, otros tipos de ARN desempeñan funciones clave en los seres vivos actuales.

Las capacidades enzimáticas que se han ido descubriendo en los ARN animan a sospechar que el mundo del ARN pudo tener un metabolismo complejo y que, como afirmaron el biofísico molecular Steven Benner y colaboradores, cabe ver «el metabolismo moderno como un palimpsesto del mundo del ARN».

¿Por qué un mundo de ARN y no directamente de ADN? La principal razón es que ese doble papel, genético y enzimático, del ARN, no lo puede soportar el ADN por su escasa capacidad de catalizar reacciones. La desoxirribosa, el azúcar presente en el ADN, tiene un átomo de oxígeno menos que la ribosa, el azúcar del ARN; esa pequeña diferencia es la responsable de la baja capacidad catalítica del ADN. Los papeles cruciales señalados para el ARN y los ribonucleótidos no son extensibles al ADN y los desoxirribonucleótidos.

Hay más argumentos: la ribosa aparece en mucha mayor concentración que la desoxirribosa en los experimentos de simulación del origen de la vida y en los meteoritos, hay investigaciones que apuntan a la capacidad autorreplicativa del ARN pero no del ADN, y en el metabolismo actual los desoxirribonucleótidos se sintetizan a partir de los ribonucleótidos, y la timina a partir del uracilo, pero no al revés.

Aunque quedara por delante el gran problema de la «invención» de la síntesis de proteínas y del código genético, en el mundo del ARN ya se habría conseguido lo más crucial: las entidades capaces de evolucionar mediante selección natural. Sin embargo, los experimentos de simulación están muy lejos de conseguir ARN. ¿Cómo pudo formarse en la Tierra primitiva?

La génesis de las primeras células

Recordemos las tres características esenciales e interrelacionadas de los seres vivos: una base genética para la replicación de la información, un metabolismo para las relaciones y el automantenimiento, y una celularidad mediada por membranas que, acoplada con las otras dos propiedades, permite el juego evolutivo basado en la reproducción con variaciones. El hallazgo del ARN catalítico alentó las expectativas de que este ácido nucleico diera cuenta al menos de las dos primeras, pero es necesario explicar cómo pudo aparecer en la Tierra primitiva.

Aunque aceptemos la presencia de bases nitrogenadas en la Tierra prebiótica, avanzar un paso más y sintetizar un ribonucleótido, la unidad fundamental del ARN, es difícil. Los intentos de conseguir las uniones de sus tres componentes —ribosa, fosfato y base nitrogenada, como se ve en la figura 1— con un rendimiento aceptable en condiciones prebióticas han fracasado una y otra vez. Además, una vez que se tienen los nucleótidos, hay que engarzarlos mediante reacciones químicas en las que se produce agua. Y, aunque solemos asociarla con la vida, hay momentos en los que el agua estorba.

LA DIFÍCIL REPLICACIÓN ESPONTÁNEA DEL ARN

Para que exista un mundo del ARN no es suficiente que haya ARN. Este, además, debe poder replicarse con una conservación aceptable de su secuencia de bases, que es donde se almacena la información genética que debe transmitirse.

Desde hace años se está persiguiendo replicar el ARN en ausencia de enzimas proteicas de dos maneras: sin actividad enzimática alguna, o con la de los propios ARN. Para conseguir replicar ARN sin enzimas de ningún tipo, se parte de unos ARN iniciales y de nucleótidos o derivados de estos. El químico británico Leslie Orgel trabajó durante décadas en este sentido y, tras algunos logros parciales, acabó por tirar la toalla. Otros investigadores la han recogido y han conseguido cadenas de varias decenas de nucleótidos, pero en condiciones poco verosímiles como prebióticas.

Entre quienes utilizan las actividades enzimáticas de los ARN destacan el nobel de Medicina Jack Szostak (en la fotografía inferior derecha de la página 83) y Gerald Joyce, que lleva más de dos décadas intentando, conseguir una *ARN replicasa*, un ARN capaz de catalizar su propia replicación. En 2014 ya hablaba de un «superreplicador» eficientísimo, pero funcionaba bajo unos supuestos muy improbables en la Tierra primordial. El químico español Carlos Briones y sus colaboradores postulan un mecanismo más plausible para obtener secuencias largas: mediante la unión de trozos cortos de ARN que podrían exhibir la actividad ligasa necesaria para llevar a cabo las reacciones que dan lugar a la unión de las moléculas. El proceso tendría lugar sobre la superficie de arcillas o en el interior de vesículas.

En todo caso, es muy discutible el interés de unas ARN replicasas o ligasas solas ante el peligro de un medio acuoso prebiótico. Sin nada que los proteja, los ARN tienen una aciaga tendencia a descomponerse por la acción del agua, una reacción que se co-

FIG. 1

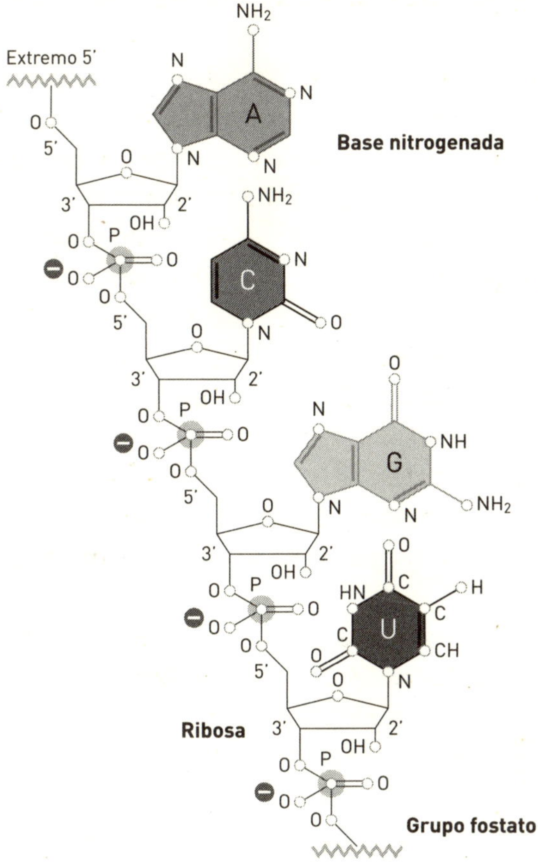

El ARN tiene un esqueleto de ribosa-fosfato con enlaces 3'- 5' al que se unen las bases nitrogenadas adenina (A), citosina (C), guanina (G) y uracilo (U).

noce como hidrólisis. El balance a finales del siglo XX era desolador, pues no se vislumbraba una manera creíble de formar los ARN necesarios para el mundo del ARN.

Es ingenuo pensar en unos ARN prebióticos sin una red de reacciones que los fabricaran y sustentaran. Por eso, diversos autores ya no confían en un mundo de ARN «limpio», sin apenas otros compuestos de interés probiótico. Cada vez se extiende más la idea de que la clave pudo estar en la cooperación molecular, y de que esta pudo darse desde mucho antes de la aparición del ARN.

No son pocos los expertos que piensan que a los ARN debieron precederlos unos polímeros con capacidades parecidas pero de formación mucho más sencilla en la Tierra prebiótica. Stanley Miller declaró que «todo el que esté buscando el esqueleto de ribosa-fosfato está errando el tiro». El principal problema está en la ribosa, por lo que se está buscando un pre-ARN de tipo AXN que sí se forme en ambientes prebióticos, y que pudiera dar paso a los ARN a través de moléculas intermedias AXN-ARN.

UN METABOLISMO ANTERIOR A LA VIDA

Algunos científicos, ante las dificultades para construir nucleótidos en condiciones prebióticas, y más aún ARN que se repliquen, no ven otra salida que la de generar primero una complejidad química que no consistiría simplemente en una suma de posibles precursores. También hay unas necesidades energéticas, pues la síntesis y el mantenimiento de los ARN tienen un alto coste en este sentido.

Se requeriría una serie de compuestos que formaran redes autosostenidas de reacciones químicas, a semejanza de las que vemos en el metabolismo de todos los seres vivos actuales. Ese autosostenimiento se basa en la *autocatálisis*. Se habla de autocatálisis cuando un compuesto promueve su propia formación (1X→2X); en realidad, el ARN replicador que mencionábamos antes supone una manera de conseguir una autocatálisis (1ARN→2ARN); también hay autocatálisis en el caso de la hipótesis que propugna que el ARN favorecería la formación de péptidos que promovieran la

> LOS AXN COMO PRECURSORES DEL ARN

En los llamados AXN, la X sustituye a la ribosa (R), el azúcar que, alternado con fosfato, conforma el «esqueleto» de los ARN. Se han propuesto diversos candidatos para la «X», y con algunos, sobre todo con el glicerol (con tres átomos de carbono) y la treosa (con cuatro), se han conseguido resultados preliminares prometedores de cara a la obtención de cadenas de «AGN» o «ATN». La treosa es un azúcar no quiral de menor tamaño que la ribosa y más abundante en los meteoritos. Con ella se han llegado a obtener incluso cadenas dobles ATN/ATN, así como híbridos ATN/ARN, y se especula con un «mundo del ATN» que podría haber facilitado la llegada del ARN. Diversos AXN han mostrado actividades catalíticas que ayudan a imaginar esos «mundos» activos.

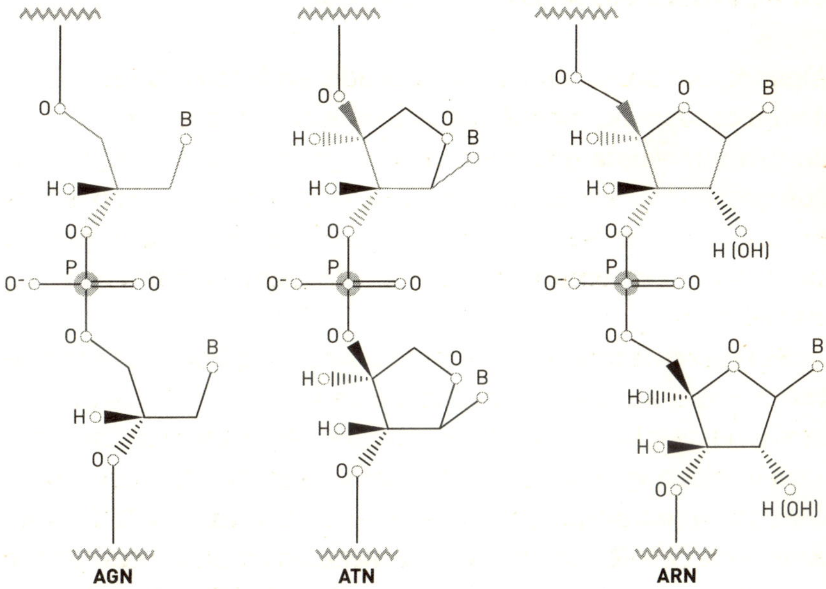

— Comparación de las estructuras de dos candidatos a pre-ARN (AGN y ATN) con la del ARN. La letra B representa las bases nitrogenadas.

síntesis de ARN. La autocatálisis, según demostró el químico belga Ilya Prigogine, es clave en los procesos de autoorganización. Como señala el estadounidense Stuart Kauffman, uno de los biólogos teóricos más relevantes en el ámbito de la complejidad biológica, cuando se reproducen los seres vivos actuales es autocatalítico todo el conjunto, pues no cabe hablar de la reproducción aislada del ADN, de la membrana...

En definitiva, nos interesa encontrar un metabolismo con reacciones, rutas, ciclos o redes autocatalíticas. Y, antes o después, todo ello hay que empaparlo de control, como el que se ejerce con las realimentaciones negativas, que impiden que las positivas —de tipo autocatalítico— se desboquen. La vida se basa en un equilibrio dinámico entre los controles negativos y la autocatálisis y entre la cooperación y la competición a muy distintos niveles.

¿Es posible que sin enzimas se genere una red semejante a la metabólica? Y, sobre todo, ¿es posible que una red así evolucione? Kauffman defiende que sí, que cuando una diversidad de compuestos químicos alcanza una densidad y un tamaño críticos, se autoorganiza formando una red compleja capaz de evolucionar. Pero en este momento queremos algo más concreto y tangible, de modo que nos adentraremos en la propuesta de «metabolismo primero» más elaborada y debatida.

UNA CUNA DE PIRITA EN LAS PROFUNDIDADES MARINAS

En 1988, una nueva hipótesis sacudió a la comunidad científica del origen de la vida. La lanzó Günter Wächtershäuser (en la fotografía inferior izquierda de la página contigua), un químico alemán a la sazón desconocido que trabajaba, como Einstein en su tiempo, en una empresa de patentes, en este caso en Múnich. Esos datos biográficos, al evocar los del gran físico, llevaron a Gerald Joyce —uno de sus críticos— a decir con cierta chanza:

Arriba, fumarolas submarinas, el escenario en el que, según G. Wächtershäuser (abajo a la izquierda), surgió la primera característica de la vida: el metabolismo. Otros autores, como J. Szostak (abajo a la derecha), sostienen que genética, metabolismo y compartimentación se originaron de forma simultánea.

«Dado el precedente, sospecho que lo mejor que podríamos hacer es tomarlo en serio».

El autor propuso que los organismos pioneros fueron muy diferentes de los que conocemos, pues carecerían de membranas y de enzimas, pero sí exhibirían un metabolismo. Los metabolitos se localizarían sobre una superficie, de modo que se habla de organismos bidimensionales (e, informalmente, de pizza en vez de sopa). No dispondrían de ácidos nucleicos ni de otras moléculas portadoras de información. No obstante, habría herencia, selección y, en definitiva, capacidad de evolución.

Todos estos metabolitos tendrían cargas negativas, como la mayoría de los actuales, y estarían unidos por atracción electrostática a superficies de pirita, con cargas positivas, en un medio acuoso caliente y ácido. Como la pirita es un sulfuro de hierro (FeS_2), se habla de un «mundo del hierro-azufre». El escenario que encaja con esta hipótesis es el de las chimeneas hidrotermales conocidas como fumarolas negras, en los fondos oceánicos (véase la fotografía superior de la página anterior), donde en la actualidad prosperan complejos ecosistemas. Todos los compuestos orgánicos se formarían *in situ*, de modo que estaríamos ante un metabolismo que se autoabastece, lo que se denomina *autotrófico*. Este «metabolismo de superficie» se extendería mediante más reacciones químicas. ¿Qué impulsaría estas reacciones? La energía y el poder reductor necesarios provendrían de la reacción de formación de pirita.

Pero eso es solo el comienzo. Wächtershäuser planteó una detallada serie de reacciones que comienza con la asimilación del monóxido o dióxido de carbono y acaba con la generación de células «modernas». La gran ruta autocatalítica fijadora de CO_2 fue, según el autor, una vieja conocida, la secuencia de reacciones que corresponde al *ciclo de Krebs*, pero funcionando al revés (fig. 2) y sin enzimas. El ciclo de Krebs avanza en muchas especies, como la nuestra, en un «sentido oxidante», de modo que las

FIG. 2

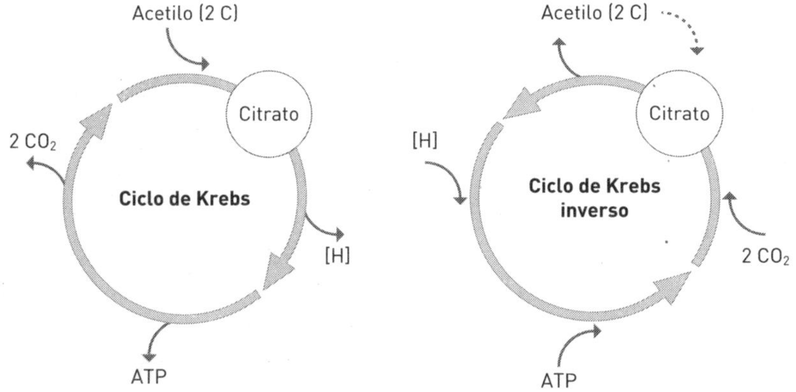

El ciclo de Krebs (oxidante, izquierda) produce CO_2, mientras que el ciclo reductor o inverso (derecha) convierte el CO_2 en materia orgánica. El acetilo es la parte principal del ácido acético, que interviene en importantes reacciones del metabolismo.

moléculas procedentes de la degradación de glúcidos, lípidos y proteínas se oxidan liberando dióxido de carbono y energía. Esa energía se almacena en forma de ATP (adenosín trifosfato), la ubicua molécula que sirve como «moneda de intercambio energético» de los seres vivos. El ciclo inverso, en cambio, promovería la reducción y fijación de dióxido de carbono en moléculas orgánicas. De hecho, así sucede en algunas bacterias y arqueas, gracias, claro, a la acción de enzimas y coenzimas. Estas no serían necesarias sobre la superficie de las piritas, y el ciclo podría ser autocatalítico: en tres vueltas del ciclo, a partir de cada molécula de citrato se recuperan dos.

Esta y otras formas de autocatálisis son esenciales en la propuesta, pues permiten el crecimiento, la expansión y la ganancia de complejidad. Curiosamente, varias de las enzimas que hoy catalizan el ciclo tienen lo que se conoce como *centros hierro-azu-*

fre, que son, según Wächtershäuser, vestigios de nuestra ancestral dependencia de la pirita. Asimismo, algunos de los posibles fósiles bioquímicos de hace 3400 Ma sugieren una relación con este mineral. Pero no faltan los expertos —en particular Leslie Orgel— que argumentan que esa autocatálisis aparente sobre el papel no es real por el bajo rendimiento de las reacciones. En resumen, las especulaciones sobre redes metabólicas sin enzimas, autocatalíticas y capaces de evolucionar, carecen, por el momento, de suficiente apoyo experimental.

LA ASIMILACIÓN DEL DIÓXIDO DE CARBONO

Wächtershäuser y otros autores se inclinan por unos primeros seres vivos autótrofos, que fabricaban sus componentes a partir de moléculas inorgánicas. También Michael Russell, de la Universidad de Glasgow, pero él defiende otra versión de mundo del hierro-azufre, y sostiene que el dióxido de carbono se captaba mediante su reducción con hidrógeno (H_2) a un derivado del ácido acético (con dos carbonos) en lo que se llama la ruta de Wood-Ljungdahl (WL). Es curioso que Wächtershäuser, que inicialmente desechó esta ruta, acabara por demostrar en el laboratorio su reacción clave en condiciones abióticas.

Sin embargo, desde Oparin y Haldane el escenario ortodoxo de la sopa orgánica presupone que los primeros organismos tomarían de esta la materia orgánica, con lo que serían heterótrofos. Esta se propone como la hipótesis más sencilla, argumentando que la autonomía que implica la autotrofia exige mayor complejidad bioquímica. A cambio, la heterotrofia requiere un medio más rico.

La controversia no está resuelta. En todo caso, una vez que se agotara la sopa debió aparecer la autotrofia. ¿Empezaría la asimilación de dióxido de carbono con el ciclo de Krebs inverso, con la ruta WL, o tal vez de otra forma? El bioquímico de la Universidad de Valencia (España) Juli Peretó y sus colaboradores, tras analizar las seis rutas de asimilación de dióxido de carbono conocidas, se inclinan por la WL como la más antigua: es la más corta y simple, está favorecida desde el punto de vista termodinámico, la reacción clave funciona sin enzimas y tiene una amplia distribución.

ENCAPSULANDO LA SOPA PRIMIGENIA

En la hipótesis del mundo del ARN inicialmente se prescindía de las membranas, pero cuesta creer que precisamente en un medio acuoso abierto las reacciones de hidrólisis, en las que se consume agua, no predominen sobre las de condensación, en las que se produce. Esta tendencia, nefasta para la síntesis de los polímeros (ARN u otros), puede aminorarse si estos se encuentran y concentran en microambientes protegidos del medio externo «agresivo». En otras palabras, si se hallan encerrados en vesículas membranosas, como ocurre en las células. Por otra parte, se necesita también la celularidad —los compartimentos— para delimitar y optimizar la acción de la selección natural.

De modo que cada vez más investigadores toman conciencia, por una parte, de la dificultad de entender una vida sin membranas y, por otra, de la posibilidad de que estas se formen en condiciones abióticas. En la biología actual, el metabolismo, la genética y la celularidad están íntimamente entrelazados. De hecho, las membranas de las que depende la celularidad no son meras barreras semipermeables, sino que tienen importantísimas capacidades metabólicas y son claves en la generación de energía. Por la complejidad de las interrelaciones y por la dificultad de conseguir todos los materiales necesarios, muchos autores optaron, como hemos ido viendo, por alcanzar esas tres características de una en una. Sin embargo, dado que esos intentos no han logrado todavía el éxito esperado, cada vez son más los que buscan una forma de conseguir las tres a la vez o al menos dos, siendo una de ellas la celularidad. Esta permitiría crear microambientes muy adecuados para las reacciones pre y probióticas; ante las dificultades que implicaría una sopa orgánica diluida, el «apelotonamiento molecular» dentro de vesículas aparece como un oasis en el desierto.

Michael Russell destaca la importancia de las membranas de hierro-azufre que, según él, forman burbujas o microcavidades en las fumarolas alcalinas de las profundidades oceánicas. El ambiente, a diferencia del de las fumarolas negras defendido por Wächtershäuser, sería alcalino y no muy caliente, dentro de un entorno más ácido y cálido. Apoyado por sus resultados experimentales, Russell defiende que esas diferencias con el entorno generarían gradientes de temperatura que ayudarían a la concentración de compuestos en las burbujas, y gradientes de protones.

La utilización de los gradientes de protones es prácticamente universal en todos los seres vivos. Una concentración de protones más alta —es decir, una mayor acidez o pH más bajo— a un lado de la membrana que al otro es un tema común en la energética de las células actuales. Las mitocondrias y los cloroplastos de los eucariotas generan gradientes de protones en la respiración celular y en la fotosíntesis, respectivamente. En muchos casos, cuando los protones se mueven para igualar sus concentraciones a ambos lados de la membrana, se acopla a este movimiento la formación de ATP. En otros, impulsan el transporte de iones a contracorriente, el movimiento de un flagelo u otros procesos.

En las células actuales, las membranas constan de lípidos y proteínas, cuya síntesis está dictada desde el ADN. Pero ¿cómo se formarían compartimentos con membranas orgánicas en la Tierra primitiva? Las moléculas esenciales para cerrar vesículas

FIG. 3

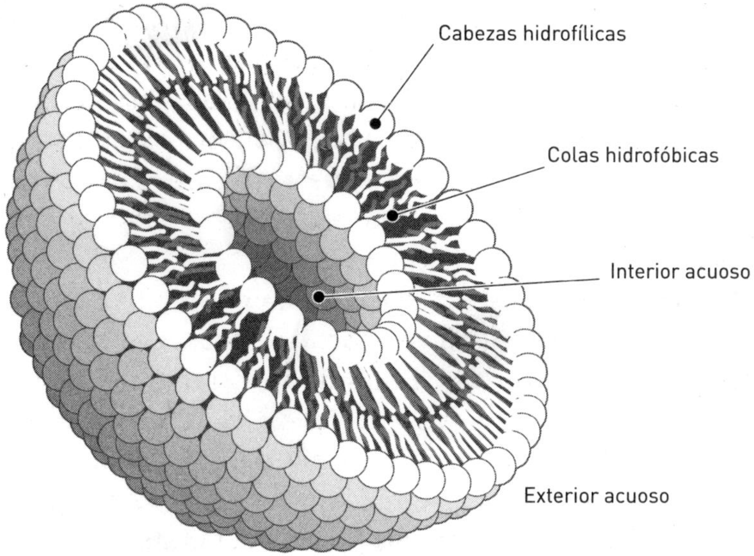

Los fosfolípidos, gracias a su anfipatía, se autoensamblan generando vesículas en las que solo las cabezas hidrofílicas quedan expuestas al agua.

que alberguen un interior separado del exterior, pero no aislado, son algunos lípidos *anfipáticos*, es decir, con un extremo *hidrofílico*, con afinidad por el agua, y otro *hidrofóbico*, que presenta «aversión» al agua. Estos lípidos pueden asociarse entre sí y autoorganizarse, situando las zonas hidrofóbicas hacia el interior y las hidrofílicas hacia el medio acuoso (fig. 3). En las membranas de los seres vivos las moléculas anfipáticas son sobre todo fosfolípidos. Estos no aparecen en experimentos de simulación verosímiles, pero sí lo hacen otras moléculas anfipáticas. Al ir incorporando más moléculas, las membranas crecen y las vesículas engordan, y llega un punto en el que se dividen espontáneamente, de modo que tenemos un magnífico ejemplo de autocatálisis (1 vesícula → 2 vesículas).

Una prueba de lo que pudieron hacer las moléculas anfipáticas en el ambiente prebiótico la aportó el bioquímico estadounidense David Deamer en 1985. Deamer extrajo el material apolar de un pequeño fragmento del meteorito de Murchison y, al ponerlo en disolución acuosa, sus moléculas anfipáticas, de origen extraterrestre y abiótico, se autoorganizaron generando microvesículas.

Las vesículas de mayor interés probiótico deben impedir el escape de los polímeros, pero han de ser permeables a monómeros y otras pequeñas moléculas que faciliten el mantenimiento y crecimiento del conjunto.

Otra extraordinaria cualidad de las vesículas es que, al constituir una barrera entre dos «mundos», pueden mantener y ayudar a generar gradientes de protones con suma facilidad.

Jack Szostak y su grupo también confían en las capacidades de las vesículas. Conscientes de la inverosimilitud de un mundo «limpio» del ARN, trabajan para encontrar procedimientos de cooperación química, en vez de enfocarse en reacciones aisladas. Sorprendentemente, han hallado que moderados aumentos en la complejidad de los reactivos a veces simplifican y mejoran los resultados. Están consiguiendo éxitos prometedores, como el de mantener actividades de síntesis de ARN dentro de vesículas lipídicas; su ambicioso objetivo es lograr la replicación de ARN ligada al crecimiento y reproducción de las vesículas que lo contienen. En otras palabras, una célula mínima con ARN capaz de evolucionar.

UNA ALTERNATIVA INTEGRAL HACIA LAS PRIMERAS CÉLULAS

Cuando casi se daba por perdido un camino directo de la sopa al ARN, resultados recientes apuntan a que podría haberse encontrado. En 2009, el grupo del químico británico John D.

> VESÍCULAS ENERGÉTICAS

David Deamer ha demostrado que diversos compuestos encerrados en una vesícula, como el ferrocianuro y los HAP —hidrocarburos aromáticos policíclicos, compuestos orgánicos abundantes en el polvo cósmico— generan diferencias de pH si reciben luz, que dispara la liberación o la captación de protones. Deamer describió en 2015 cómo las vesículas lipídicas promueven la polimerización de nucleótidos mediante ciclos de desecación-rehidratación. Cuando hay una desecación, las vesículas se rompen en láminas apiladas que ordenan los nucleótidos y facilitan su polimerización. En la rehidratación, los ARN quedan encapsulados en las vesículas reconstituidas. Tales ciclos son factibles en charcas que se desecan y se vuelven a rellenar. Estos resultados han reforzado la propuesta de varios autores de un «mundo de los lípidos» previo al mundo del ARN. Las vesículas acabarían atrapando metabolitos o replicadores, y podrían fundirse vesículas heterogéneas generando híbridos más eficaces.

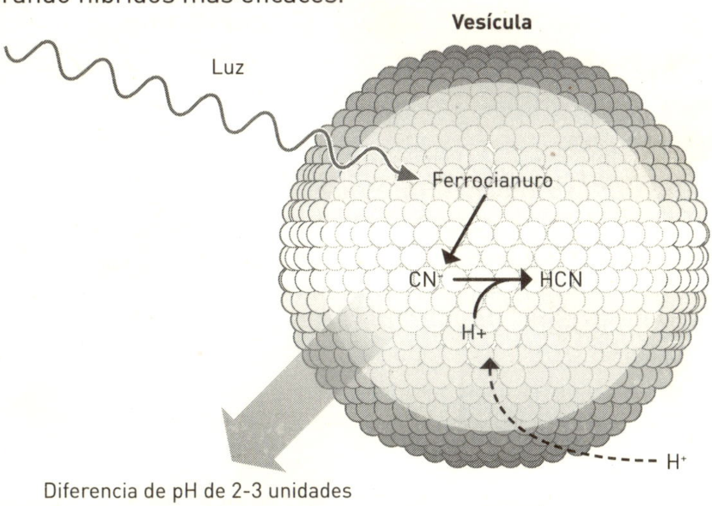

Al incidir la luz sobre el ferrocianuro, este libera cianuro (CN^-), que capta protones (H^+), con lo que baja el pH del medio. De formas tan sencillas como esta se generan gradientes de protones, base energética de la vida en la Tierra.

Sutherland revolucionó el mortecino campo de la síntesis prebiótica de ribonucleótidos con un enfoque diferente. No buscaron formar primero la ribosa, el fosfato y la base, para luego unirlos. En vez de eso, mezclaron en un orden novedoso las moléculas de partida —derivados de cianuro y aldehídos, en presencia de fosfato— y obtuvieron nucleótidos de citosina (C) y uracilo (U).

Para el reputado químico estadounidense Robert Shapiro, las condiciones de los experimentos tenían poco que ver con las de la Tierra joven. Lamentablemente, Shapiro ya no vivía en 2015, cuando el grupo de Sutherland fue aún más allá al demostrar que el ácido cianhídrico (HCN), junto con sulfuro de hidrógeno (H_2S, agente reductor), luz ultravioleta e iones de cobre, dan lugar no solo a precursores de nucleótidos, sino también de lípidos, además de a once aminoácidos. Con estos hallazgos da la impresión de que nos acercamos de nuevo a la posibilidad, que ya se había descartado, de formar el huevo y la gallina a la vez: un metabolismo impulsado por proteínas y una información genética resguardada en ácidos nucleicos; y, para rematar, el envoltorio, los lípidos necesarios para delimitar células mediante membranas. En suma, lo esencial para construir, no de manera secuencial, sino simultánea, las tres características básicas o subsistemas de una célula mínima: información, metabolismo y compartimentación. Si hasta ahora había quien defendía que uno de los tres surgió primero, estos resultados apuntan a que todo lo hizo a la vez. Sutherland se une a Szostak, Briones y otros como pioneros defensores de una química de sistemas prebióticos heterogéneos que se distancia de la tradicional búsqueda de rutas aisladas y «limpias».

El problema con la síntesis de Sutherland es que exige una intervención sobre el momento de añadir los ingredientes, y que no aparecen los tres tipos de precursores en un mismo experimento. Harían falta ambientes diferentes y algo que juntara los productos resultantes, tal vez corrientes impulsadas por la lluvia que propiciaran una mezcla aguas abajo. Los expertos sugieren como escenario las charcas generadas tras la caída de un meteorito carbonáceo rico en schreibersita (mineral de hierro, níquel y fósforo); la interacción con el nitrógeno atmosférico durante el impacto liberaría cianuro de hidrógeno, fosfato y el resto de sencillos compuestos de partida. Todo el carbono y el nitrógeno de los productos finales procede del ácido cianhídrico. Como es tan esencial la intervención del sulfuro de hidrógeno, los autores hablan de *química cianosulfhídrica* y la consideran —con optimismo— protometabólica (aunque como *proto*, del griego, significa «primero», aquí parecería más adecuado el prefijo pre-).

Estamos, por tanto, ante unos resultados muy prometedores, pero no todo lo satisfactorios que quisiéramos: ¿hasta qué punto esa química no está forzada por los investigadores?, ¿cómo llegar desde ahí a formar realmente proteínas, ARN, membranas...?, ¿cómo conseguir que estos se integren en un todo funcional, con un verdadero metabolismo? La transición de la química a la biología se ve más cercana, pero aún quedan etapas muy difíciles.

PLURALIDAD Y COMBINACIÓN DE HIPÓTESIS

Hasta ahora, en algunos de los aspectos relacionados con el origen de la vida hemos encontrado controversias que aparecen compiladas en la tabla de la página siguiente.

Hay más alternativas, pero lo que reflejamos en la tabla son las opciones que se hallan más defendidas en la literatura científica. Las opciones de la segunda columna suelen ir juntas (hipótesis de la sopa primordial), y lo mismo pasa con las de la tercera (mundo del hierro-azufre), pero es posible generar hi-

Alternativas sobre cómo se originó la vida

Aguas	Superficiales	Profundas
Temperatura	Suave	Elevada
Primero	ARN	Metabolismo
Nutrición	Heterótrofa	Autótrofa
Membranas	Tempranas	Tardías

pótesis tomando opciones de uno y otro lado. En muchos casos hay posibilidades intermedias; por ejemplo, hay defensores de la sopa que le añaden los productos acoplados a la formación de pirita.

En la fig. 4 vemos las distintas vías para llegar a una protocélula completa por integración sucesiva de subsistemas con metabolismo, compartimentación y genética. La flecha discontinua representa la propuesta de Sutherland. Pero, como decíamos, no se trata solo de que estén presentes las moléculas de interés, sino que se precisa una relación funcional entre ellas. ¿De qué vale que haya ARN y proteínas sin un código que permita formar las últimas a partir de la información de los primeros?

EL CÓDIGO DE LA VIDA

Las proteínas, formadas inicialmente por aminoácidos que pueden ser de veinte tipos, tienen más posibilidades catalíticas que los ARN, con solo cuatro tipos de nucleótidos. Sin embargo, para que pudieran formarse aquellas tuvo que evolucionar un mecanismo por el que se sintetizaran a partir de la información genética de los

FIG. 4

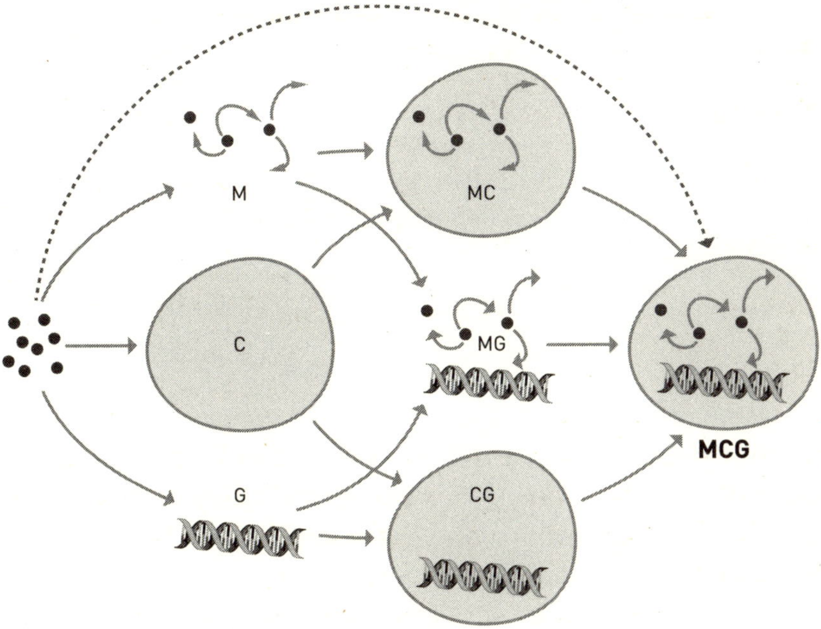

Combinaciones posibles de metabolismo (M), compartimentación (C) y genética (G) para obtener una protocélula mínima (MCG). La flecha discontinua representa la hipótesis de John D. Sutherland, según la cual M, C y G se originaron a la vez.

ARN. En otras palabras, hubo que «inventar» un código genético, a veces conocido como «la piedra de Rosetta de la vida». El código permitió la división del trabajo entre los genes y las enzimas gracias a la distinción entre sus «alfabetos», y dio más libertad evolutiva a los ARN, pues cuando estos llevaban a cabo todas las funciones, mejorar las capacidades catalíticas sin perjudicar las replicadoras resultaba problemático.

¿Cómo se realiza la traducción de los mensajes del ARN a mensajes proteicos? Cada grupo de tres nucleótidos constituye lo que se denomina un *triplete*. Cada triplete codifica un aminoácido, y también hay algunos tripletes que señalan el final de la cadena proteica. Unas enzimas muy específicas se encargan de establecer esa correspondencia triplete-aminoácido, y la lectura de los mensajes genéticos se lleva a cabo en los ribosomas, orgánulos celulares que no faltan en ningún ser vivo.

El origen del código, que puede datar de hace más de 3700 Ma, es un gran desafío. Se piensa que debió de ser de tripletes desde el principio, pues uno de dupletes o cuadrupletes, al pasar a tripletes, habría dado al traste con toda la información útil. Seguramente los aminoácidos se fueron incorporando al código de manera progresiva, empezando por los de fácil síntesis prebiótica, de modo que coevolucionarían la biosíntesis de aminoácidos y el código, a la vez que este se iba leyendo con mayor precisión. Finalmente, el código dejaría de evolucionar cuando el propio éxito de las proteínas resultantes hiciera perjudicial casi cualquier cambio.

LA APARICIÓN DEL ADN

Las ventajas del ADN sobre el ARN como almacén de la información genética son claras: las dobles hélices de ADN presentan una mayor estabilidad que las cadenas, generalmente simples, de ARN, y además el ADN ofrece la posibilidad de corregir errores en la replicación. Todo ello permite genomas mucho mayores. Pero la estabilidad del ADN tiene como contrapartida una menor reactividad y versatilidad.

La biosíntesis de la desoxirribosa del ADN parece que solo está al alcance de las proteínas, no de las ribozimas, lo que hace pensar que la síntesis del ADN solo fue posible tras la entrada en juego de las proteínas. También se necesitarían otras enzimas que polimerizaran adecuadamente los nuevos nucleótidos, pero pudieron bastar pequeñas modificaciones de las viejas ARN replicasas. Por otra parte, diversos estudios apuntan a un papel destacado de los virus en la emergencia del ADN.

En el mundo del ARN este haría todo el trabajo, pero tras ceder tareas catalíticas a las proteínas y al ADN las de almacenamiento de la información, los ARN mantuvieron labores auxiliares fundamentales en el funcionamiento de la vida.

El LUCA: características y evolución

El mecanismo básico de la evolución lo descubrió, fundamentó y explicó de manera magistral Charles Darwin a mediados del siglo XIX. La evolución mediante selección natural sigue siendo la base de la biología actual. Los descubrimientos de la genética, la biología molecular y otras disciplinas han confirmado y extendido el alcance del darwinismo, dando lugar a lo que se conoce como neodarwinismo.

¿Cuándo y cómo comenzó la evolución biológica? Esto equivale a preguntarnos cuándo y cómo comenzó la vida. Recordemos sus tres características esenciales, íntimamente interconectadas, genética, metabolismo y celularidad, a las cuales damos por supuesto que subyace una cuarta: control. Es evidente que el último ancestro común, el LUCA, ya las poseía, pero ¿de qué modo, con qué redes genéticas y metabólicas? Debemos responder a esta cuestión antes de indagar los mecanismos fundamentales por los que se originó una diversidad de células con nuevas características metabólicas que les permitieron adaptarse a todo tipo de situaciones nutricionales y ambientales.

LA DIFÍCIL CARACTERIZACIÓN DEL LUCA

Diversos investigadores han afrontado el reto de reconstruir el LUCA de la manera más objetiva posible a partir del análisis comparativo de los seres vivos actuales, es decir, «de arriba abajo». Por desgracia, el abordaje «de abajo arriba» aquí no nos sirve, pues de momento hay un abismo entre los resultados de los experimentos de simulación y el cenancestro.

Para simplificar, podemos considerar únicamente los genes del LUCA que están presentes en todas las especies, aunque nos quedemos solo con unas decenas. De estos, la mayor parte están implicados en la transmisión de la información genética, sobre todo en la transcripción —síntesis de ARN usando el ADN como molde— y, más aún, en la traducción —síntesis de proteínas a partir de la cadena de ARN—, lo que deja claro hasta qué punto estaban ya refinados estos procesos en nuestro ancestro común.

Como esa estrategia sin duda deja fuera a muchos genes del LUCA, algunos científicos han recurrido a otros procedimientos. Es el caso del equipo de investigadores dirigido por el biólogo ruso-estadounidense Eugene Koonin (en la fotografía superior izquierda de la página 105), quienes reconstruyeron un LUCA verosímil de unos seiscientos genes, un número tal vez alto para una *célula mínima*. Se llama así a la célula que posee el menor conjunto de genes que le permite mantenerse en unas condiciones óptimas y reproducirse. Las células de vida libre con menos genes parecen ser ciertas bacterias, con unos ochocientos, mientras que a otras que viven en simbiosis con otros organismos les basta con unos ciento cuarenta genes. El equipo del biólogo estadounidense Craig Venter ha conseguido producir en el laboratorio una bacteria independiente con solo 473 genes (véase la imagen inferior de la página 105). Pero el LUCA no tenía por qué ser una célula mínima; sabemos que la reducción del número de genes hace a las células menos robustas, más frágiles ante los cambios.

> LAS MEMBRANAS DEL LUCA

Aunque algunos autores han defendido que el LUCA sería una entidad acelular (no limitada por una membrana), no se entiende cómo podría ser. Por otra parte, la gran conservación y amplia distribución de proteínas de membrana son consistentes con un LUCA delimitado por una membrana que haría uso de un gradiente de protones generador de ATP. La cuestión es de qué tipo eran esas membranas, pues hay diferencias sutiles entre los lípidos de las membranas de bacterias y eucariotas, por una parte, y los de las arqueas, por otra. Es posible que en el LUCA coexistieran los dos tipos de lípidos, y que la «segregación lipídica» fuera importante en la separación de los dos dominios.

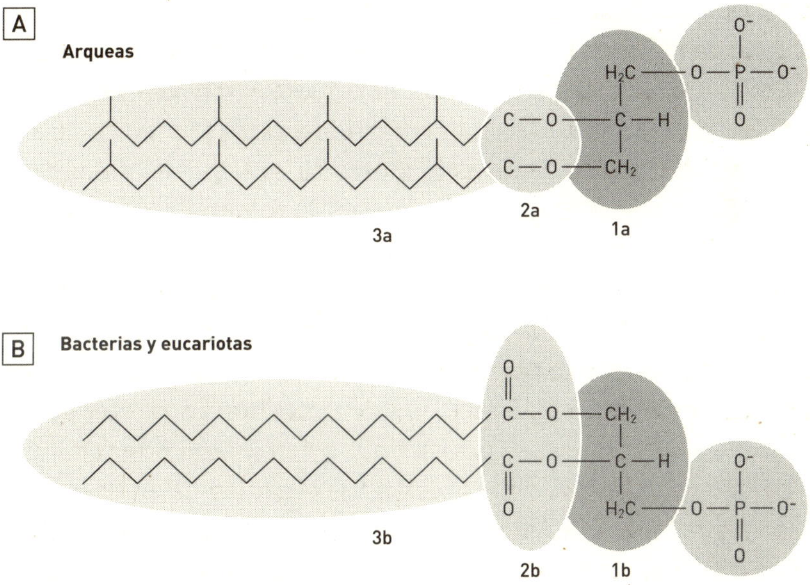

— Principales lípidos de membrana de arqueas (**A**) frente a los de bacterias y eucariotas (**B**). A pesar de las diferencias químicas (compárese **1a**-**1b**, **2a**-**2b** y **3a**-**3b**), las estructuras son similares.

Más allá del mero número de genes obtenido por Koonin, interesa su «calidad». Resultó que, además de casi todos los genes esenciales para asegurar la transmisión y la expresión genéticas, también estaban los necesarios para el mantenimiento energético y estructural de la célula, casi como si se hubieran elegido en el estudio *ex profeso*. Esta sencilla reconstrucción no demuestra que el cenancestro tuviera esos seis centenares de genes, pero sugiere que estamos en el buen camino para tratar de conocer a ese misterioso ancestro común. No obstante, otros autores han partido de otros presupuestos y han obtenido resultados distintos, aunque no nos extrañará que casi todos coincidan en los genes involucrados en la traducción. Cabe esperar que el refinamiento de las técnicas de análisis filogenético y de los nuevos datos genómicos permita obtener resultados más concluyentes.

RETRATOS ROBOT DEL LUCA

Bastantes autores han especulado sobre las características del LUCA teniendo en cuenta tanto los datos que hemos visto como lo que sabemos del funcionamiento de los seres vivos.

El microbiólogo estadounidense Carl Woese (en la imagen superior derecha de la página contigua) hizo hincapié en las diferencias existentes en los procesos básicos de los tres dominios de los seres vivos: arqueas, bacterias y eucariotas, y las interpretó como resultado de que el ancestro común era poco refinado. En lugar de cenancestro o LUCA, Woese prefería hablar de *progenote*, término con el que quería resaltar que los genes controlaban las características de una forma imprecisa y rudimentaria. El progenote tendría múltiples minicromosomas, única manera de lograr una replicación sin caer en la llamada *catástrofe de error*, una acumulación de mutaciones que lleva a la extinción. La división celular también sería imprecisa,

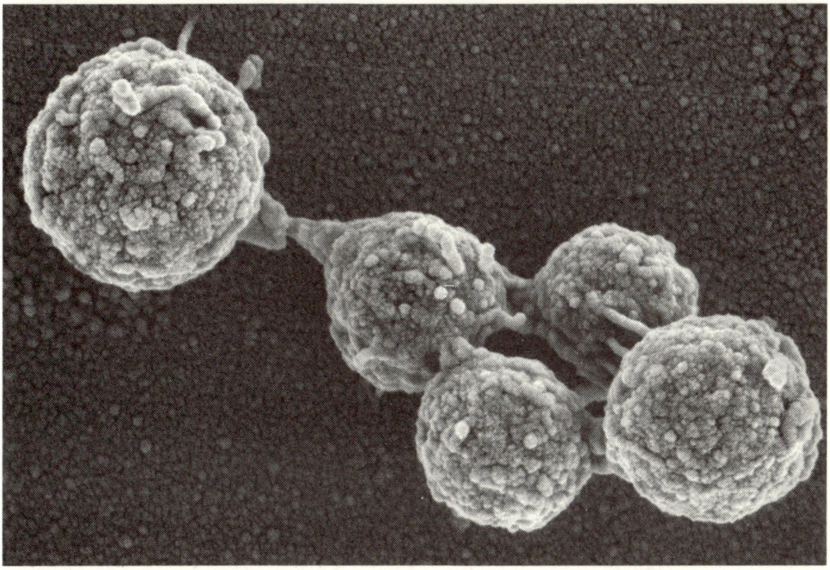

Arriba a la izquierda, Eugene Koonin, cuyo equipo reconstruyó en 2003 un LUCA virtual con unos seiscientos genes; a la derecha, Carl Woese, que revolucionó la taxonomía con su árbol de los tres dominios. Debajo, vista al microscopio electrónico de bacterias creadas por el equipo de Craig Venter, los primeros organismos con un genoma sintetizado por completo en el laboratorio.

por «pellizcado» físico, con una distribución al azar de los minicromosomas. Además, tendría lugar una intensa transferencia de estos minicromosomas entre individuos no emparentados, un fenómeno conocido como *transferencia horizontal*. Se la llama así para distinguirla de la que se produce de células madres a hijas, que se conoce como *transferencia vertical*. En definitiva, los progenotes no serían organismos en el sentido actual —incluso la evolución no sería darwiniana— hasta que se redujera esa transferencia horizontal, y solo entonces pudieron diferenciarse los dominios.

La visión de Woese se consideró seriamente, pero cada vez tiene más detractores; de existir ese panorama, sería anterior al LUCA. Existe un acuerdo bastante generalizado sobre que en el LUCA ya funcionaban el código genético y la maquinaria de traducción, la replicación del genoma y la transcripción. También contaría con reacciones básicas de síntesis de biomoléculas y con la producción de energía metabólica a través de gradientes de protones en las membranas. Sin embargo, no se ha podido resolver si sería autótrofo o heterótrofo; en su estudio de las rutas de asimilación de dióxido de carbono, Juli Peretó y su equipo no concluyen que ninguna de ellas funcionara en el LUCA, aunque no descartan que este pudiera ser autótrofo. También dejan claro que, aunque lo fuese, eso no implicaría un comienzo autotrófico de la vida.

De modo que quedan pocas dudas de que el LUCA era una entidad relativamente sofisticada, compleja.

La primera gran novedad a partir del LUCA fue la diversificación de la vida en dos dominios. La separación completa solo sería posible cuando la transferencia horizontal de genes se hubiera reducido lo suficiente, y debió ocurrir con los sistemas de transmisión de la información aún en proceso de maduración. La traducción sería el más avanzado, pues es semejante en los tres dominios. Los genes implicados en ella serían los primeros en encontrarse a salvo de la transferen-

> DISCONTINUIDADES EN LOS GENES

En 1977 se descubrió que los eucariotas a menudo tienen los genes fragmentados o discontinuos, pues están interrumpidos por secuencias de ADN no codificadoras conocidas como *intrones*. Estas secuencias deben eliminarse del precursor de cada ARN mensajero, y empalmarse los *exones*, que sí codifican. Desde aquel año se mantiene una gran controversia: ¿son los intrones un invento eucariótico o ya estaban en el LUCA y se perdieron en arqueas y bacterias? Se propuso que los exones podrían codificar subestructuras o módulos compactos y funcionales de las proteínas, de modo que el «barajado de exones» propiciaría mezclas de módulos, originando fácilmente nuevas proteínas con capacidades inéditas, pero la correspondencia exones-módulos solo se ve clara en los animales. Por otra parte, el hecho de que haya intrones que se cortan y eliminan gracias a su propia actividad como ribozimas sugiere un origen antiguo, en el mundo del ARN. La controversia sigue viva.

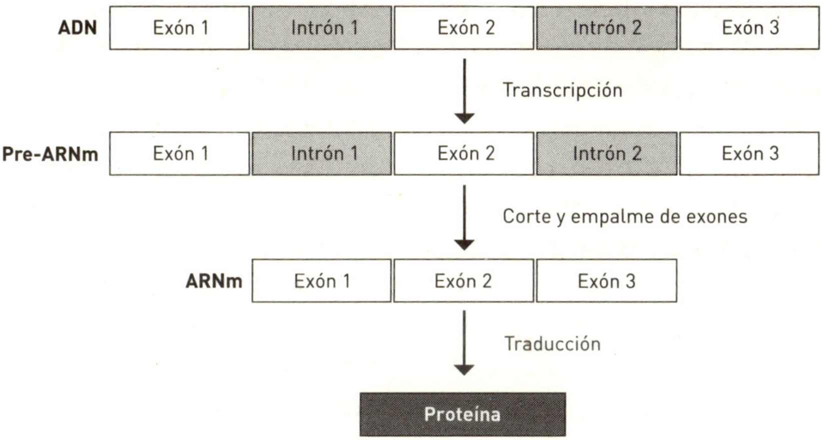

— Corte y empalme de los exones en organismos eucariotas. A menudo los exones se combinan de diversas maneras, por lo que a partir de un solo gen pueden resultar distintas proteínas.

cia horizontal, en contraste con los genes metabólicos. Estos apenas aparecen entre los genes de distribución universal, no debido a que el LUCA careciera de rutas metabólicas, sino a una escasa conservación y a una gran diversificación, visible en la variedad de estrategias metabólicas contemporáneas.

En el repertorio genético estimado del cenancestro aparecen claramente genes —y segmentos génicos— duplicados, lo que prueba que la duplicación es un mecanismo muy remoto, anterior al LUCA. También lo son las fusiones y las pérdidas genéticas. El experto en biología evolutiva mexicano Antonio Lazcano y sus colegas señalan además que, aunque los caracteres complejos que requieren muchos genes deben haber evolucionado a través de una serie de estados más simples, no se han encontrado en los organismos actuales etapas evolutivas intermedias, o versiones simplificadas, de la producción de ATP, de la replicación del ADN ni la síntesis de proteínas.

La intrincada historia evolutiva que llevó hasta el LUCA lo convirtió en un complejo robusto, en el sentido de que el buen funcionamiento de sus componentes básicos haría que la selección rechazara grandes cambios al azar. Dicho de otra forma, parece que hubo una notable «congelación» en algunos de sus componentes, como la que afectó al código genético y a otros elementos centrales. Pero quedan otros aspectos claves del LUCA sujetos a grandes controversias.

¿UN LUCA CON ARN O CON ADN?

Dado que todos los seres vivos actuales tienen genomas de ADN, la conclusión más simple es que lo mismo ocurría en el LUCA. Sin embargo, las secuencias de las ADN polimerasas de bacterias y las de arqueas y eucariotas no son homólogas. Eugene Koonin se apoyó en estos datos para proponer que la replicación del ADN emergió al menos dos veces de forma independiente. Carl Woese defendió que el ancestro universal tenía un genoma de ARN y que los sistemas de replicación del ADN evolucionaron de manera casi independiente tras la primera ramificación del árbol universal. El ADN y diversas enzimas asociadas con su replicación tendrían, pues, un origen múltiple. Koonin y otros añaden también que los virus estuvieron implicados en el proceso de manera crucial, de modo que la invasión del ancestro bacteriano por virus ADN llevaría al reemplazamiento de su ARN genómico por ADN. Otros virus relacionados harían lo mismo en arqueas y eucariotas.

Por el contrario, Günter Wächtershäuser defiende que la organización del genoma se ha conservado con pocos cambios hasta nuestros días, por lo que esta ya sería muy estable en el LUCA. Lazcano, por su parte, argumenta, basándose en datos experimentales, que se requerirían pocas mutaciones para que una ARN replicasa se convirtiera en una ADN polimerasa antes de la divergencia de los tres dominios, y mantiene que el ADN se inventó una sola vez.

En definitiva, los datos apuntan hacia un LUCA ya con ADN, pero la cuestión no está totalmente zanjada.

UN LUCA DE ALTAS TEMPERATURAS

Desde que publicó su gran árbol universal (fig. 1), Carl Woese defendió que el cenancestro era un *termófilo*, pues las ramas que surgían más cerca de la raíz del árbol correspondían a arqueas y bacterias termófilas, con temperaturas óptimas por encima de 60 ºC . Sin embargo, con los árboles más modernos no se ve tan claro. La naturaleza de los restos fósiles más antiguos tampoco permite llegar a ninguna conclusión.

Por descontado, a la hora de considerar el origen de la vida es crítico establecer si esta comenzó siendo termófila o mesófila. Los

Fig. 1

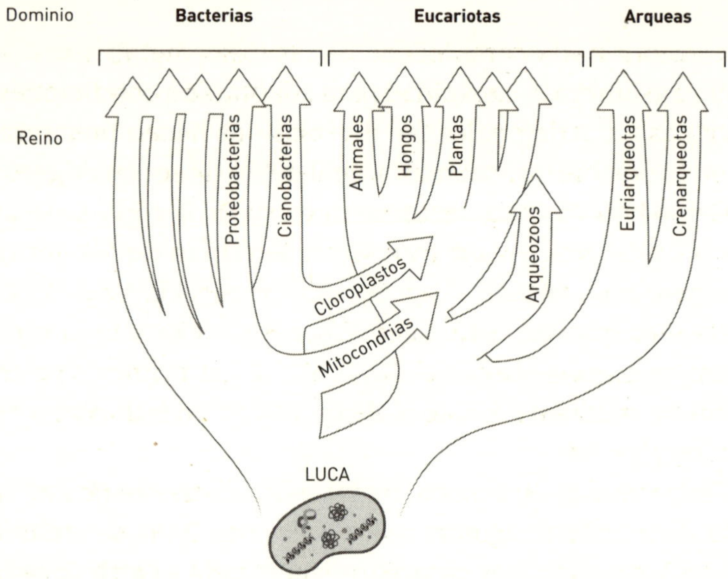

Bosquejo basado en la versión del árbol universal de la vida de Carl Woese (1990) con los tres dominios de seres vivos.

defensores de la sopa, en la línea de Oparin y Miller, defienden un origen mesófilo, a temperaturas moderadas —desde el punto de vista humano—, mientras que Wächtershäuser y otros se inclinan por unos comienzos termófilos. Pero no confundamos los orígenes con el avanzado LUCA. Pudo haber un origen termófilo pero un LUCA mesófilo, o al revés. Según Wächtershäuser, es mucho más sencilla y probable la adaptación de termófilos a bajas temperaturas que lo contrario, pues la termofilia resulta más exigente en cuanto a las adaptaciones necesarias en las macromoléculas, difíciles de conseguir pero más fáciles de perder.

En suma, con los datos actuales no podemos afirmar con confianza si LUCA era termófilo o no.

LA EXTENSIÓN DEL METABOLISMO DEL LUCA

La extraordinaria complejidad de las rutas metabólicas actuales y su asombrosa capacidad para adaptarse a condiciones ambientales y nutricionales tan diversas nos hacen preguntarnos cómo es posible que sean así y cuál debió de ser su origen.

Como hemos visto, según la hipótesis de la sopa, todo indica que los primeros organismos se alimentarían de ese «caldo vital», pero que, antes o después, este empezaría a agotarse. Esa fue la idea que, en 1945, llevó al genetista Norman Horowitz a lanzar su hipótesis sobre el desarrollo de las primeras rutas bioquímicas mediante lo que él denominó *retroevolución* o evolución retrógrada.

Cada vez que en la sopa orgánica, inicialmente rica en moléculas de interés, se agotara una de ellas (fig. 2, A), se verían favorecidos los organismos capaces de sintetizarla a partir de otra aún presente (B) por medio de una reacción sencilla catalizada por una enzima (E1). Cuando B se terminara, se formaría a partir de una tercera aún abundante (C) por acción de una nueva enzima (E2), probablemente surgida mediante modificación de la primera (E1). Y así sucesivamente. Eso significa que en las rutas biosintéticas actuales, la última reacción sería la primera en aparecer.

En 1957, el bioquímico estadounidense Sam Granick propuso un mecanismo de «evolución hacia delante» según el cual, a partir de un compuesto simple se originarían otros, no presentes en la sopa, cada vez más complejos, y se seleccionarían los que ofrecieran alguna ventaja adaptativa. En este caso, la última enzima de la ruta actual sería también la última en aparecer. En 1990, el farmacéutico español Faustino Cordón englobó en esa evolución hacia delante las rutas de degradación que proporcionan energía metabólica (habitualmente ATP); la extensión de una ruta degradativa proporciona la ventaja de una mayor obtención de energía. Igual que antes, la última enzima de la ruta sería la primera que surgió.

FIG. 2

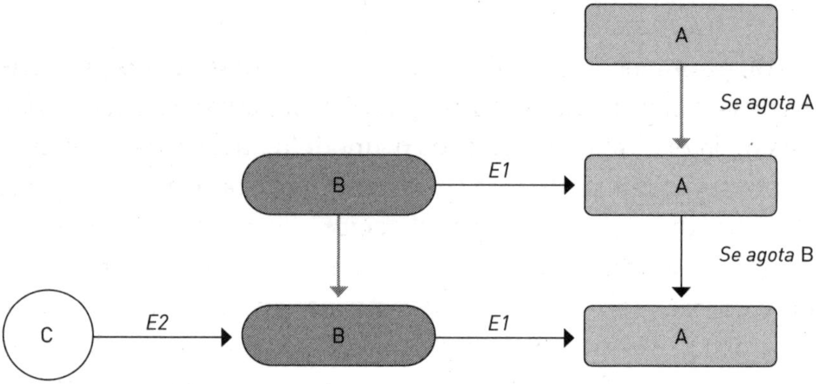

Hipótesis de retroevolución de Horowitz, según la cual la última etapa de una ruta de biosíntesis moderna fue la primera en aparecer, la penúltima fue la segunda, etc., siempre debido al sucesivo agotamiento de compuestos de la sopa orgánica.

Pero también cabe pensar que diversas series de reacciones se fueran afianzando con enzimas en un orden no definido. Esto es más claro en las hipótesis de *metabolismo primero*, como la de Wächtershäuser; aquí se daría el paso de un metabolismo no enzimático, difuso, a otro semejante pero delineado y fortalecido por las enzimas que surgieran en una fase posterior. Es decir, se retendría el metabolismo no enzimático original. Esta idea se ha visto apoyada por el hallazgo del grupo del bioquímico británico Markus Ralser de que el hierro reducido, abundante en las aguas primitivas, estimula en condiciones abióticas lo que parece una red de reacciones que se superpone considerablemente con importantes rutas del metabolismo. El químico estadounidense Thomas G. Waddell encontró algo parecido: la luz solar acelera reacciones similares a las del ciclo de Krebs. En cualquier caso, como apuntaron Lazcano y Miller, pudo haber una fase en la que coexistieran reacciones enzimáticas y no enzimáticas.

LA EVOLUCIÓN ENZIMÁTICA

Los bioquímicos S. G. Waley, M. Ycas y, sobre todo, Roy A. Jensen desarrollaron, en 1969, 1974 y 1976, respectivamente, la hipótesis de la evolución en retazos o «modelo *patchwork*». En esta visión, las enzimas de una nueva ruta metabólica se reclutan, mediante duplicación y diversificación, de rutas preexistentes. Las primeras enzimas serían poco específicas —podrían actuar sobre distintos sustratos—, poco precisas en su actividad catalítica y poco eficientes. Conviene mencionar que incluso los péptidos o los ARN formados al azar ya exhiben diversas y débiles capacidades catalíticas, seguramente suficientes para poner en marcha el mecanismo evolutivo. La evolución de las rutas iría de la mano de duplicaciones de los genes que codificaban aquellas enzimas, seguida de mutaciones que mejorarían la especificidad, precisión y eficiencia originales (fig. 3). Muchas veces lo que se duplica y reutiliza son subestructuras compactas de las proteínas, en toda una exhibición de combinatoria modular, una especie de mecano proteico. Los datos de secuencias respaldan que las enzimas se desarrollaron mediante fusiones y recombinaciones a partir de una serie básica de pequeñas proteínas simples. El número de enzimas iría, así, en aumento.

Lo bueno es que las diversas hipótesis de aparición secuencial y de evolución en retazos hacen predicciones contrastables: en las primeras encontraríamos homología, secuencias parecidas en las enzimas consecutivas de una misma ruta, huellas de un origen común; en la segunda la homología aparecería dispersa por el mapa metabólico. Aunque si gran parte del metabolismo se desarrolló en el mundo del ARN, y las enzimas proteicas se sobrescribieron como en un palimpsesto sobre las ribozimas, podría ser difícil acceder a los primeros acontecimientos. Sin embargo, los estudios sobre cómo es el reparto de secuencias homólogas no deja lugar a dudas: apoya la evolución por retazos

FIG. 3

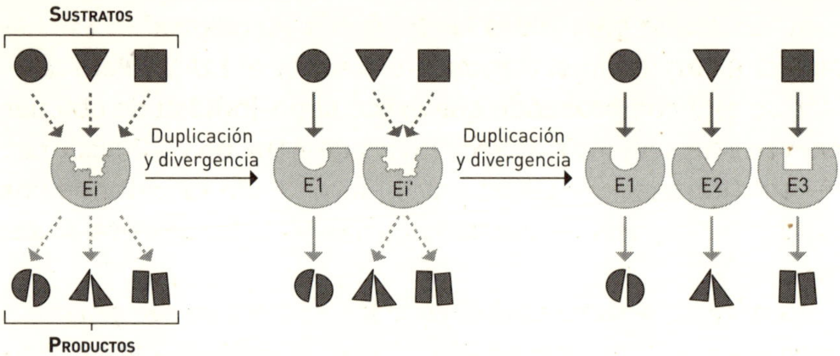

Hipótesis de Jensen. Mediante duplicación y diversificación genética se consiguen enzimas más eficientes y específicas para el sustrato.

de Jensen en casi todos los casos, pues aparecen dispersas aquí y allá, con una redundancia muy alta, y pocas veces de manera consecutiva en una misma ruta.

Por otro lado, puede que, como piensa el biólogo húngaro Eörs Szathmáry, hayan funcionado a la vez la evolución secuencial y el modelo de retazos. Según su hipótesis, las nuevas enzimas de cada ruta aparecerían de manera secuencial, pero siendo reclutadas en modo retazo.

Esto también es compatible con la sugerente propuesta del biofísico estadounidense Harold Morowitz, que sostiene que el metabolismo se desarrolló, en gran medida, sobre el ciclo de Krebs inverso original de un modo radial, como capas de una cebolla, lo que queda reflejado en la arquitectura del metabolismo contemporáneo. Enrique Meléndez-Hevia coincide con Morowitz, pero defiende que el núcleo central lo constituirían las rutas según él anteriores a aquel ciclo, como la glucólisis, en la que se degrada la glucosa y se obtienen metabolitos que pueden ingresar luego en el ciclo de Krebs.

Hemos visto que el mecanismo de duplicación y diversificación, necesario para todas las hipótesis mencionadas, es sustancial y muy remoto, claramente anterior al LUCA. Pero también se está comprobando que existe la posibilidad de obtener nuevos genes a partir de secuencias de ADN no codificadoras; se habla entonces de genes «inventados» —sin inventor de por medio, por supuesto— para diferenciarlos de los basados en genes previos.

Es muy interesante también que las enzimas contemporáneas sigan sin tener una especificidad y una precisión absolutas; decimos que tienen promiscuidad catalítica. Eso ocurre, por una parte, porque la evolución no puede encontrar, si es que existe, la «secuencia óptima única» entre una infinidad de opciones imposibles de explorar, sino la mejor de entre las que están al alcance, y eso es suficientemente bueno. Habría multitud de soluciones lo bastante satisfactorias. Esta es una de las razones por las que el argumento del «diseño inteligente» sobre la imposibilidad de que la evolución haya conseguido una sola enzima es falaz. Más aún si se tiene en cuenta que la existencia de actividades secundarias, no seleccionadas, parece inherente a la química de las proteínas, no se puede eliminar... y ello ofrece una ventaja evolutiva extraordinaria. Aunque las enzimas se hayan seleccionado por catalizar unas determinadas reacciones con unos sustratos definidos, siempre tienen ese residuo promiscuo del que, si hay necesidad, se puede obtener una nueva capacidad. Gracias a la flexibilidad enzimática residual, las rutas contemporáneas son a la vez robustas, plásticas y adaptables, un buen material para la evolución.

El reclutamiento enzimático, que ha quedado demostrado en el laboratorio, ayuda a explicar la evolución de muchas rutas metabólicas. Además, hemos sido testigos de un caso de evolución natural, en bacterias, de una nueva ruta de degradación de un pesticida; sus tres enzimas se reclutaron y modificaron a partir de otras preexistentes, sorprendentemente en pocos años.

Todas esas rutas servirían de poco sin un sistema de control. La aparición temprana de múltiples mecanismos de regulación hizo posible el desarrollo de extraordinarias redes genéticas y metabólicas. El estudio de estas redes con nuevas herramientas de investigación nos está ayudando a entender en qué consiste la complejidad de la vida y de dónde procede. La vida avanza aparentemente a contracorriente en un universo que tiende en conjunto al desorden, y se nos muestra, de hecho, como el culmen de la complejidad conocida. Estamos viendo cómo la evolución ha aprendido, a base de ensayos ciegos y errores, a hacer un uso extenso de lo previamente conseguido mediante la duplicación y la construcción modular, la diversificación, la jerarquización, la cooperación, la simbiosis..., y siempre con la selección natural dictaminando el éxito o el fracaso de los resultados, con lo que da, finalmente, una falsa apariencia de diseño.

EL PUZLE DE LA VIDA

Seguimos afrontando el reto de comprender cómo la Tierra infernal de hace más de 4000 Ma se convirtió en un planeta infestado de vida, de entender cómo es posible que estemos aquí y por qué somos como somos. Este aprendizaje probablemente nos servirá también para afinar la búsqueda y la comprensión de otras formas de vida en el cosmos.

Debemos resolver un puzle de una complejidad extraordinaria, pero en poco más de medio siglo hemos avanzado enormemente. Tenemos las principales piezas que conforman el presente en este puzle, situadas en la parte superior. Y conseguimos encajar cada vez más piezas hacia abajo, de modo que llegamos notablemente bien hasta el LUCA. En la base o extremo inferior parece que tenemos bastante claros algunos fragmentos importantes, como el correspondiente a la situación de partida en la Tierra joven, y vamos avanzando en la colocación de piezas hacia arriba.

Tanto de la parte inferior como de la superior de este rompecabezas incompleto de la vida, hoy conocemos muchos aspectos y comprendemos numerosos mecanismos que hace poco ni se podían vislumbrar. Es en el tramo intermedio donde el juego se presenta más incierto y apasionante, donde nos esperan claves para saber, como planteaba el bioquímico Jacques Monod, hasta qué punto somos fruto del azar y de la necesidad. No nos extrañará encontrar respuestas relacionadas con los flujos, los gradientes, los ciclos, las interfases, la mezcla y la autoorganización, pero seguro que nos esperan buenas sorpresas que hoy ni siquiera sospechamos.

Con lo que hemos aprendido, sabemos mejor de dónde venimos... y qué somos: una formidable quimera molecular fruto de hibridaciones entre los más humildes ancestros, un mosaico y un palimpsesto que guarda memoria de incontables recombinaciones y cambalaches, cooperaciones y conflictos, de una historia que nos hermana a todos los seres vivos y nos retrotrae sin solución de continuidad a un antepasado común, y más allá, al agua, el cianuro, el formol, el azufre..., a una Tierra irrespirable y bombardeada intensamente desde el espacio. Como decía el mismo Monod, somos fósiles que llevamos dentro las huellas —y los estigmas— de nuestra ascendencia.

Pero no podemos darnos por satisfechos todavía: nos quedan piezas decisivas que descubrir, de modo que seguiremos investigando, entusiasmándonos con cada hallazgo, entreviendo bordes que encajan en lo que ya teníamos, y constatando la existencia de otros que no sabremos dónde acoplar. No tenemos aún una hipótesis que explique de manera completa cómo pudo ocurrir el origen de la vida —nunca estaremos seguros de cómo ocurrió—, pero todo indica que avanzamos a buen paso a pesar de algún traspié. En todo caso, ¡cuánto aprendemos y disfrutamos en el camino!

El árbol (o bosque) de la vida

Charles Darwin escribió en *El origen de las especies* (1859): «Todos los seres orgánicos que han vivido alguna vez sobre la Tierra pueden haber descendido de alguna forma primordial». Mucho antes, en julio de 1837, su genio lo llevó a trazar, en su cuaderno de notas «B» sobre la transmutación de las especies, un esbozo del gran árbol de los seres vivos, con una raíz común para todos. Con ese bosquejo, que puede verse en la imagen superior izquierda de la página 125, se anticipaba al árbol que se hizo célebre más de ciento cuarenta años después, que clasificaba a los seres vivos en tres dominios (véase la figura 1 del capítulo anterior).

Durante mucho tiempo, para la elaboración de los *árboles filogenéticos*, que tratan de reconstruir las relaciones de parentesco evolutivo entre los diferentes grupos de seres vivos, fueron determinantes los rasgos morfológicos, pero estos servían de poco cuando se trataba de bacterias y otros microorganismos. Desde que se tiene acceso a las secuencias proteicas y, sobre todo, a las de ácidos nucleicos, este y otros problemas se han afrontado mediante las muy potentes técnicas de *filogenia molecular*.

El fundamento de estas técnicas es muy sencillo: cuanto más tiempo haya pasado desde que dos especies compartieran un ancestro común, más se habrán diferenciado las secuencias de sus proteínas y ácidos nucleicos. Las secuencias con un mismo origen se denominan *homólogas*. De modo que analizando las secuencias homólogas de múltiples especies se puede construir un árbol genealógico de todas ellas.

Con este tipo de análisis, Carl Woese y su colega George E. Fox sorprendieron al mundo en noviembre de 1977 al ofrecer un novedoso árbol de todos los seres vivos que para muchos aún mantiene vigencia en lo esencial. Woese y Fox eran muy conscientes de que, para obtenerlo, no podían utilizar secuencias que cambiasen con demasiada velocidad, pues el exceso de cambios conduce a una saturación si el tiempo analizado es largo. Por esta razón, eligieron las secuencias de unos ARN denominados 16S y 18S. Uno u otro forman parte de los ribosomas —el 16S en los organismos procariotas y el 18S en los eucariotas—, de modo que están presentes en todos los seres vivos, y además experimentan una tasa de cambio muy baja.

Al obtener la primera versión de este inédito gran árbol de la vida, Woese y Fox hicieron de paso un hallazgo sensacional, nada menos que un nuevo superreino o, como ellos lo llamaron, *dominio* de organismos: lo denominaron entonces *Archaebacteria* (arqueobacterias). Sus integrantes se diferenciaban netamente tanto de las eubacterias —las familiares bacterias «de toda la vida»: *Escherichia coli*, salmonelas, bacilo de Koch, etc.— como de los eucariotas —con células con núcleo, como las nuestras—, los otros dos dominios de seres vivos. Al actualizar el árbol en 1990, Woese los renombró como *Archaea* (arqueas), *Bacteria* (bacterias) y *Eukarya* (eucariotas). Esta clasificación dejaba obsoleta la tradicional de cinco reinos, cuatro de ellos de eucariotas (animales, plantas, hongos y protistas) y un quinto (monera) donde se agrupaban sin mayor distinción arqueas y bacterias por ser ambas procariotas, sin núcleo ni otros orgánulos celulares. Bacterias y arqueas, sin embargo, se distinguen por la divergencia entre sus secuencias, por la naturaleza dispar de sus membranas plasmáticas y por algunas características de sus procesos de manejo de la información genética. Las arqueas habitan a menudo en ambientes extremos de temperatura, presión, salinidad, pH, etcétera.

El árbol inicial de Woese y Fox carecía de raíz, si bien esta se consiguió situar años más tarde. De la raíz salen, por un lado, las bacterias y, por otro, un tronco común de eucariotas y arqueas. No debemos olvidar, sin embargo, que esta raíz probablemente es, a su vez, solo una de las ramas del árbol completo de la vida que surge de «más abajo» desde los primeros seres vivos, pero no tenemos acceso a esas —quién sabe cuán numerosas— ramas muertas.

El hecho de que las arqueas tuviesen un mayor grado de parentesco con los eucariotas que con las bacterias era llamativo, pues podría esperarse que los dos troncos procarióticos fueran más próximos entre sí. Sin embargo, cuando se analizan los componentes de la «maquinaria informativa», es decir, las macromoléculas implicadas en la replicación (ADN→ADN), la transcripción (ADN→ARN) y la traducción (ARN→proteínas), los resultados apoyan claramente lo indicado por Woese: son más parecidas las de arqueas y eucariotas, mientras que las de las bacterias se diferencian de ambas en gran medida.

Hubo otra característica importante del nuevo árbol que no sorprendió, pues ya la venían exponiendo diversos autores: las mitocondrias de los eucariotas son el producto de una *endosimbiosis*. Un antepasado de los eucariotas engulló a ciertas bacterias, estableciéndose —tras una complicada historia de cooperación y resolución de conflictos— una relación perenne de beneficio mutuo en la que destaca la interdependencia entre las dos partes mientras se mantiene cierto grado de independencia. Como dijo Lynn Margulis (en la fotografía inferior de la página 125), especialista en biología evolutiva, hubo un «canibalismo» en el que un microorganismo se comió a otro sin digerirlo. El resultado exhibía importantes novedades, era más que la suma de las partes. Margulis defendió estas ideas con especial empuje y gran aporte de datos y argumentos desde la década de 1970. Entonces fueron muy discutidas, pero la acumulación de pruebas ya no deja lugar a dudas.

Otras endosimbiosis posteriores, en este caso de cianobacterias, dieron origen a los cloroplastos que hoy encontramos en los eucariotas que realizan la fotosíntesis: algas y plantas. El origen bacteriano de mitocondrias y cloroplastos explica que presenten su propio cromosoma de ADN —muy reducido—, así como su particular maquinaria de traducción de tipo bacteriano. La mayor parte de los genes de aquellas bacterias desaparecieron de su cromosoma, pero muchos no se perdieron, sino que fueron transferidos al genoma del hospedador, y hoy encontramos a sus descendientes en el núcleo de los eucariotas.

DIFICULTADES Y RIESGOS DEL ANÁLISIS RETROSPECTIVO

Al disponer de un árbol universal, se podían empezar a analizar con rigor los rasgos del organismo que estaba en su raíz: el LUCA. La estrategia para caracterizar a este cenancestro no podía ser más sencilla: si una característica (por ejemplo, un gen) se encontraba en algún organismo de cada dominio de la vida, muy probablemente estaba presente en el antepasado común, del que se habría heredado.

Sin embargo, con esa estrategia se llegó a la conclusión de que el LUCA debía tener casi de todo, ser una célula «omnipotente». El biólogo estadounidense W. Ford Doolittle señaló que una de las explicaciones del chocante resultado eran las simbiosis que dieron lugar a mitocondrias y a cloroplastos. Estas debieron originar, como hemos visto, considerables transferen-

A la izquierda, diagrama del árbol de la vida de Darwin. Bajo estas líneas, una colonia de arqueas, dominio propuesto en 1977 por Woese y Fox que revolucionó la clasificación de los seres vivos. Debajo, la bióloga evolutiva Lynn Margulis, autora de la teoría que explica el origen de las mitocondrias en los eucariotas.

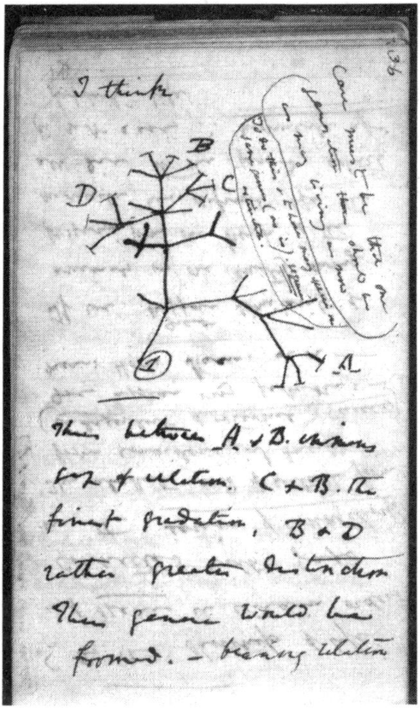

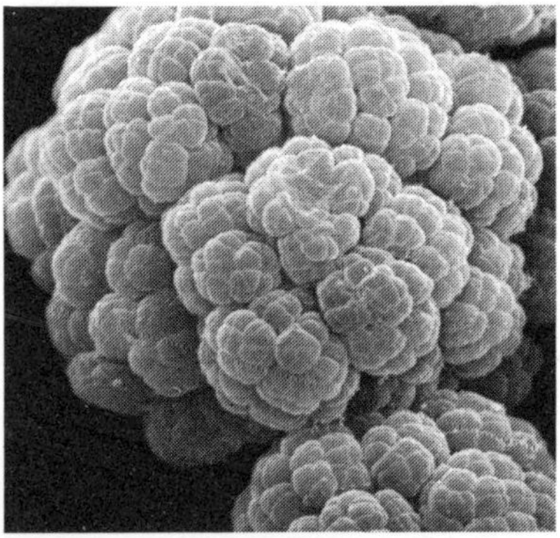

cias de material genético desde las bacterias originales «engullidas» hacia el núcleo de los eucariotas.

Pero el mayor problema podían ser las transferencias génicas horizontales (TGH) a gran escala. Los datos hacen sospechar que inicialmente las TGH eran mucho más comunes que ahora entre las células de distintos dominios, probablemente debido a los virus en buena medida. Las barreras eran menores, y las probabilidades de que la transferencia ofreciera ventajas a organismos mucho menos moldeados por la evolución, bastante mayores. Un renombrado autor, Jeffrey Bada, en su libro *La chispa de la vida* (2000) llega a decir que «podemos imaginarnos esas entidades primigenias atravesando un período de experimentación similar al de la revolución sexual de la década de los sesenta».

Como cabe imaginarse, esas transferencias tan comunes introducen confusión en los análisis. Tanta que, en opinión de Ford Doolittle y otros expertos, tal vez nunca podamos reconstruir el verdadero árbol de la vida, y los árboles que podemos generar son de genes individuales, o como mucho de grupos de genes, pero no de organismos. De cara al objetivo de conocer al LUCA, lo peor es que Ford Doolittle, Woese y otros concluyeron que nunca hubo una especie o célula ancestral. Que los tres dominios actuales de los seres vivos no surgieron a partir de una célula simple o de una población homogénea, sino de un conjunto de entidades celulares que eran primitivas en diversos aspectos, sobre todo en el de ser participantes promiscuos en la TGH (fig. 1). Seguramente esto tuvo mucho que ver en que el código genético sea como es. En lugar de un organismo específico o de un linaje simple, nuestro ancestro universal, genéticamente rico, sería esa comunidad de entidades. Así que, más que del LUCA, habría que hablar de los LUCA. La heterogeneidad de esa población contribuiría a que se llegara a la falsa conclusión de un solo LUCA totipotente.

FIG. 1

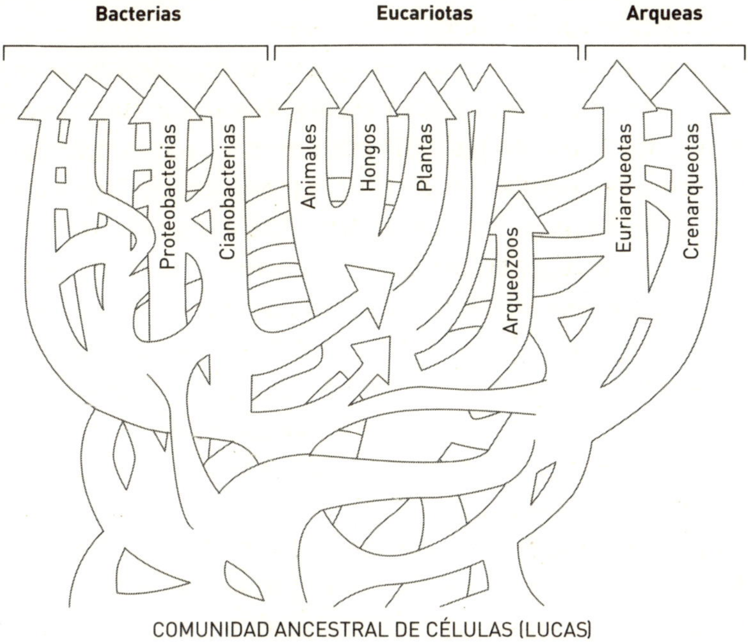

Imagen basada en un esquema de Ford Doolittle, que representa la dificultad de obtener un árbol filogenético universal debido a las simbiosis y a las transferencias génicas horizontales.

Esos autores sustituyen el árbol de la vida por el bosque, la red o la telaraña de la vida, y hablan de una *filogenia reticulada* con abundante TGH —a menudo por la acción de los omnipresentes virus—, fusión de genomas, etc. El enmarañado bosque de la vida contaría con árboles, arbustos y matorrales de lianas, sin olvidar los numerosos troncos y las ramas muertas. Hay quien, considerando la vaguedad del concepto, propone hablar de LUCAS, pero la «S» final no indicaría el plural, sino que sería de «estado» (*state*). En esta visión, cada genoma actual (como el del lector) es un mosaico y un palimpsesto, una colección variada de genes involucrados en diferentes historias de transferencias, mezclas, duplicaciones y pérdidas.

UN ÁRBOL DE TENDENCIAS

Pese a todo, algunos autores han ido recuperando la representación del árbol. Argumentan que no es superflua como imagen del devenir evolutivo porque el propio proceso de replicación de la información genética implica bifurcaciones como las de un árbol. Este aparecería como una tendencia estadística central sobre el conjunto de filogenias de genes individuales, en una especie de «árbol estadístico de la vida». Constituye un fundamento sólido para una clasificación de los seres vivos basada en los genomas, y un marco válido para la reconstrucción evolutiva, pues los genomas aún llevan información de transferencia vertical, es decir, de herencia genética.

Además, se ha destacado que es mucho menos probable que moléculas tan centrales en el funcionamiento de las células como los ARN ribosómicos y otros elementos de la maquinaria celular relacionada con la información genética hayan sufrido episodios de TGH. Así, los árboles obtenidos a partir de ellos nos darán información relevante de, al menos, la tendencia evolutiva prevalente. Según Woese, «el árbol universal debería representar relaciones evolutivas entre dominios definidos de acuerdo con el aparato de traducción, que refleja la historia de las células, y no de acuerdo con la composición genómica global [...], cuya historia es increíblemente compleja».

La incertidumbre sobre los árboles también afectaba, como es lógico, a nuestro conocimiento de los orígenes del dominio eucariota: ¿se nos escaparía entre esa confusión? Las bacterias y las arqueas son células relativamente simples, frente a la complejidad de las células eucariotas, que además son bastan-

> LOS ÁRBOLES UNIVERSALES

En las reconstrucciones basadas en macromoléculas relacionadas con la información genética, eucariotas y arqueas salen de un mismo tronco (árbol **A** de la figura inferior). Cuando se basan en macromoléculas relacionadas con el metabolismo, los eucariotas a veces aparecen más próximos a las bacterias que a las arqueas (**B**), otras los eucariotas se apartan desde el LUCA (**C**), o —con menos frecuencia— los tres se separan a la vez desde la raíz (**D**). Recientemente, un equipo internacional de la Universidad de Duke (EE.UU.) ha lanzado el proyecto Árbol de la Vida Abierto (*Open Tree of Life*), un recurso digital *online* y abierto que recopila información filogenética, antes dispersa, en el árbol universal más completo. En la actualidad incluye más de 2,6 millones de especies, descendientes vivas o extintas del LUCA.

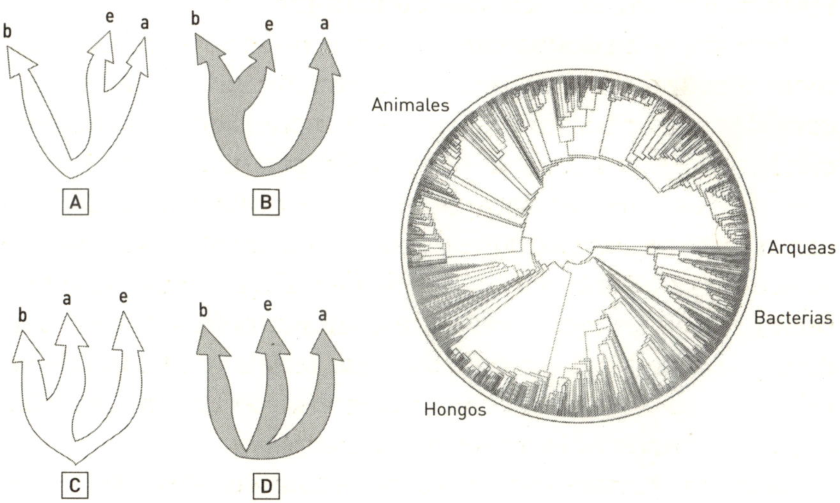

— A la izquierda, esquemas en los que se muestran diversas tipologías del árbol filogenético universal. Las letras **b**, **e** y **a** representan los dominios bacteria, eucariota y arquea, respectivamente. A la derecha se muestra el Árbol de la Vida Abierto, en cuyo centro se ubicaría el LUCA.

te más grandes. En el último ancestro eucariótico (LECA, de *Last Eukaryotic Common Ancestor*) habría membranas internas, incluyendo a las nucleares; un sistema particular de degradación de proteínas; un activo citoesqueleto, que consiste en un conjunto de proteínas que organizan estructuras y procesos intracelulares, etc. ¿Cómo se consiguió esa complejidad?

EL ENIGMÁTICO ORIGEN DE LOS EUCARIOTAS

Tras la publicación del árbol sin raíz de Woese y Fox, se barajó la posibilidad de que el dominio eucariota hubiera tenido un origen propio a partir del LUCA, independiente de arqueas y bacterias. Sin embargo, hay múltiples indicios de que no fue así, empezando por los árboles en los que se observa una divergencia a partir de un tronco común con las arqueas.

Cada día parece más claro que los eucariotas son —somos— una quimera, el producto de algún tipo de mezcolanza génica entre arqueas y bacterias, combinaciones de genes de dos organismos bastante diferentes, el fruto de la reunión de las dos líneas que se separaron a partir del LUCA. Sin embargo, el modo en que se produjo esa mezcla se viene discutiendo desde hace años, aunque paulatinamente ha ido quedando claro el parentesco esencial de eucariotas y arqueas. Pocos dudan ya de que ambos proceden de un ancestro común, por lo que la presencia de genes arqueanos en los eucariotas queda resuelta, y la de los bacterianos se explica en buena medida por la endosimbiosis que, como mencionamos anteriormente, originó las mitocondrias a partir de una bacteria engullida por un antepasado de los eucariotas. Otros genes bacterianos entrarían por TGH, tal vez mediada en parte por virus. El proceso global resulta muy complejo y sin duda también conllevaría «experimentos fallidos».

FIG. 2

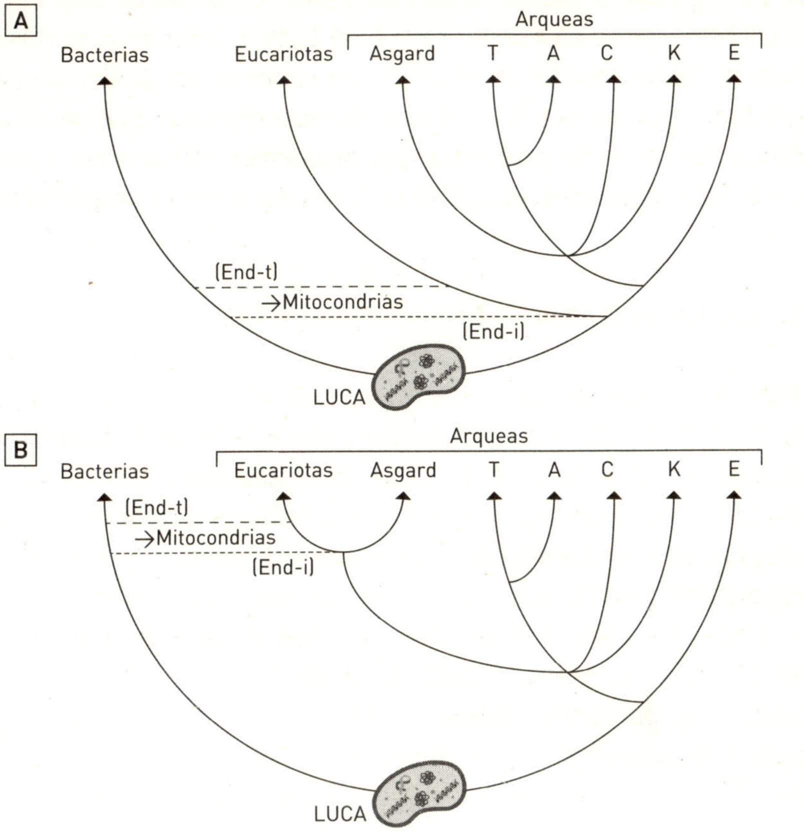

(**A**) Árbol universal clásico, con tres dominios. (**B**) Árbol universal de dos dominios que considera a los eucariotas un subgrupo de arqueas. *End-i* y *End-t* representan endosimbiosis mitocondrial inicial o tardía, respectivamente.

Respecto a la endosimbiosis, se contemplan sobre todo dos posibilidades. Según la primera, ocurrió una vez establecida la línea evolutiva eucariótica, ya separada de las arqueas desde un ancestro común. El hospedador sería, entonces, un eucariota primitivo que tal vez ya tuviese núcleo y pudiera fagocitar (endosimbiosis End-t en la figura 2, A y B).

La alternativa es que fuese la endosimbiosis lo que originó a los eucariotas (endosimbiosis End-i en la figura 2, A y B). Eugene Koonin alega que así se explica la ausencia aparente de eucariotas sin mitocondrias —salvo casos en los que claramente las han perdido—, que podrían existir de haberse producido la endosimbiosis con la línea eucariótica ya establecida. Si, además, el hospedador procedía de una rama arqueana, los eucariotas serían un subgrupo de las arqueas (fig. 2, B). Estas hipótesis explican el origen de las estructuras intracelulares, incluyendo el núcleo, por la necesidad de evitar interferencias entre los dos genomas: el arqueano y el bacteriano.

En 2016, los biólogos evolutivos Alexandros Pittis y Toni Gabaldón aportaron pruebas concluyentes de que el ancestro de los eucariotas (LECA) fue anterior a la endosimbiosis mitocondrial, y ya era una quimera fruto de diversas simbiosis y/o TGH entre arqueas y bacterias. Ese LECA, de complejidad intermedia entre la procariótica y la eucariótica moderna, participaría después en una endosimbiosis mitocondrial tardía (End-t en la figura 2, B), que trajo una postrera oleada de proteínas bacterianas y dio un empujón evolutivo crucial a los eucariotas.

LOKI, THOR... LAS ARQUEAS QUE RESITÚAN A LOS EUCARIOTAS

La hipótesis del ancestro arqueano de los eucariotas se ha fortalecido por el descubrimiento, en un linaje de arqueas denominado TACK, de diversos genes que codifican proteínas antes consideradas exclusivas de eucariotas, implicadas, por ejemplo, en el mantenimiento de la forma celular, la remodelación de la membrana, la transcripción y la traducción.

El microbiólogo neerlandés Thijs Ettema y sus colaboradores de la Universidad de Uppsala (Suecia), expertos en evolución molecular, consolidaron esa idea en 2015 tras un descubrimiento extraordinario: unas arqueas que representan un eslabón entre eucariotas y arqueas. Nos referimos a las *Lokiarchaeota*, ya popularizadas en los medios de todo el mundo, e incluso en la prensa científica, como Loki, el nombre de un dios nórdico.

El hallazgo tuvo lugar en una muestra de sedimentos tomada a una profundidad de 3283 m, en un entorno de bajas temperaturas y altas presiones cerca del llamado Castillo de Loki, un conjunto de fuentes hidrotermales situadas entre Groenlandia y Noruega.

Para sorpresa de Ettema, *Lokiarchaeota* suponía todo un nuevo gran grupo arqueano relacionado con el linaje TACK. Presenta un genoma que codifica decenas de proteínas que antes se consideraban eucarióticas. Más recientemente, los mismos autores han encontrado otras arqueas emparentadas con Loki, y con más proteínas de tipo eucariótico, en diversos lugares del mundo, y les han puesto nombres derivados de los de otros dioses nórdicos: *Thorarchaeota*, *Odinarchaeota* y *Heimdallarchaeota*. Los autores agrupan a las cuatro en un nuevo linaje, Asgard, por una región celestial de la misma mitología. El conjunto del hallazgo sugiere que el ancestro arqueano de los eucariotas ya podría tener una organización celular compleja, con proteínas del citoesqueleto y otras que aportan sofisticadas capacidades de remodelación de la membrana, de transporte intracelular y de «tráfico de vesículas», que le habrían permitido «tragarse» a otras células, tales como las bacterias que dieron lugar a las mitocondrias.

Los autores sostienen que las arqueas de Asgard son nuestros parientes unicelulares más próximos conocidos, y muchos consideran que este linaje es el «eslabón perdido» entre los procariotas y los eucariotas. Las implicaciones son sensacionales. El hallazgo refuerza un árbol de la vida con solo dos dominios, en el que la rama eucariótica se originó «dentro» del dominio arqueano (fig. 2, B). Hay que destacar que eso es lo que el biólogo evolutivo estadounidense James Lake defiende desde 1984: los eucariotas no merecen el rango de dominio, sino que son una rama —importante— de las arqueas. Los eucariotas aparecen ahora como un grupo hermano del linaje arqueano Asgard; ambos debieron compartir un ancestro común hace unos dos mil millones de años. Si el LUCA es el ancestro universal y el LECA es el de los eucariotas, el de las arqueas se llama LACA. Según esta hipótesis, el LECA es un derivado o descendiente del LACA y, por tanto, no tendría la misma categoría filogenética (fig. 2, B).

El descubrimiento de Ettema pone en evidencia que la laguna entre procariotas y eucariotas era resultado de un pobre muestreo de la diversidad microbiana, en particular de la arqueana. Todo indica que los genomas secuenciados hasta el momento representan solo una pequeña fracción de la diversidad existente; muchos investigadores piensan que la gran mayoría de los habitantes de la Tierra (fundamentalmente microbios y especialmente virus) están por descubrir, sobre todo los que habitan en ambientes extremos. Yann Marcy y otros expertos en física biológica denominan a este mundo inexplorado la «materia oscura microbiana», y sospechan que alberga un enorme potencial para mejorar nuestra comprensión de la diversidad de la vida y de su evolución. De hecho, las búsquedas de arqueas en sus entornos naturales están empezando a revelar la existencia de una plétora de linajes desconocidos, algunos de los cuales pueden estar aún más emparentados con los eucariotas que Asgard.

Sin duda, las arqueas —y no solo ellas— nos traerán nuevas sorpresas e información clave sobre el origen de los eucariotas, el más enigmático, pero para muchos «destronado», dominio de la vida.

LA HISTORIA MÁS COMPLEJA

Merece una breve reflexión esta probable posición de los eucariotas, y por tanto de nosotros mismos, la especie humana,

> EL ORIGEN EUCARIOTA: UN FRENESÍ DE HIPÓTESIS

El origen de los eucariotas es uno de los asuntos más controvertidos de la biología. Para algunos autores, como el biólogo molecular francés Patrick Forterre, está ligado a la invasión y acción de virus específicos. Forterre y sus colaboradores han propuesto que muchas características «complejas» de los eucariotas ya estaban presentes en el LUCA, pero las bacterias y las arqueas las perdieron. James Lake y María Rivera, biólogos moleculares estadounidenses, propusieron que una bacteria engulló a una determinada arquea —a la que llamaron *eocito*—. Otros han propugnado como origen del LECA una fusión no endosimbiótica entre algunos otros tipos de arqueas y de bacterias, antes de la endosimbiosis promitocondrial. De las más de veinte hipótesis endosimbióticas barajadas, la más aceptada en la actualidad es aquella en la que la célula engullida sería la α-proteobacteria que originó las mitocondrias, y el hospedador sería una arquea relacionada con el linaje Asgard.

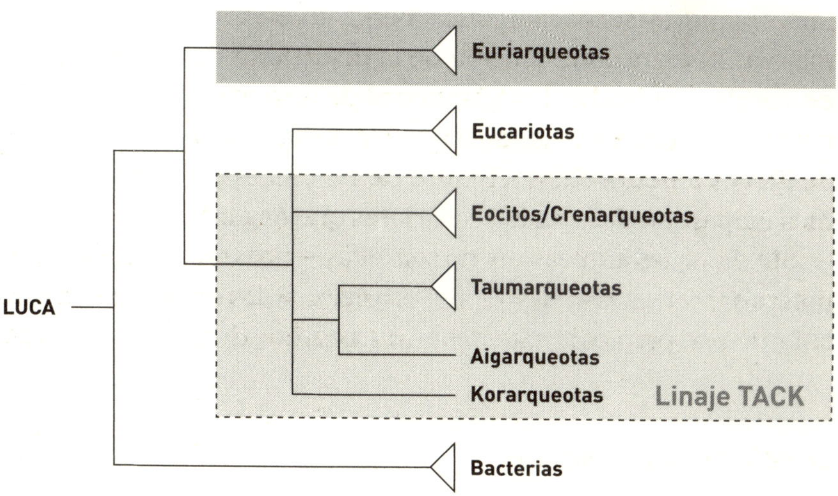

— Lake y Rivera postularon el árbol del eocito, en el que los eucariotas no tienen categoría de dominio, como ahora parece cada vez más claro. Todos los grupos sombreados son arqueas.

como una simple rama de esas «extrañas» arqueas, cuando hasta no hace mucho copaban cuatro de los cinco reinos de los seres vivos. Aunque solo fuera una rama, alcanzó un asombroso éxito evolutivo mediante la hibridación con otro modesto *partenaire*: las bacterias. La reunificación de las dos líneas escindidas del LUCA generó un nuevo tipo celular de un potencial extraordinario, que permitió conquistar nuevos niveles de complejidad.

Según Nick Lane y William Martin, genetistas moleculares, la clave que llevó, entre otras cosas, a alcanzar la pluricelularidad fue que las mitocondrias permitieron disponer de mucha más energía por gen, lo que hizo posible a su vez aumentar el número de genes. No debemos olvidar que, gracias al núcleo, se separó espacialmente la transcripción de la traducción, propiciando nuevas formas de control y la expansión del genoma.

Pero la modestia de bacterias y arqueas es solo aparente. Como apreció el evolucionista Stephen Jay Gould, «estamos en la "edad de las bacterias". Lo fue en el principio y lo será siempre», aunque habría que añadir a las arqueas en su apreciación. Los eucariotas han generado las formas de vida que, por ostensibles, más solemos valorar, entre las que se encuentra la especie humana, pero hoy sabemos que esa visión está distorsionada; para empezar, por el sentido de la vista, incapaz de acceder por sí mismo al fascinante y complejísimo mundo microscópico. El propio lector puede llevar en su cuerpo unas diez veces más bacterias (y arqueas) que células específicamente humanas —unos cien billones—, y además son esenciales para su buen funcionamiento. En la Tierra, los ciclos de materia entre el mundo biótico y abiótico (ciclos biogeoquímicos) son en buena parte deudores de esos pequeños (en tamaño) pero grandes (en abundancia, diversidad e importancia) pobladores del planeta. No obstante, a menudo se lee, incluso en la prensa científica, la expresión «organismos superiores» para referirse a animales y plantas, y aún se habla de especies más o menos «evolucionadas», y de «antiguas» y «modernas». Sin embargo, bacterias y arqueas no solo ocupan la Tierra en casi todos los hábitats imaginables, exhibiendo una variabilidad abrumadora; además, llevan evolucionando tanto tiempo como nosotros, pues todas las especies somos igual de antiguas y provenimos del mismo LUCA (o LUCAS), y de más allá. Lo más que se podrá decir de algunas especies es que tal vez mantengan determinados rasgos, procesos o comportamientos primitivos. Pero ¿solo algunas?

Desde el primer ser vivo hasta cada uno de los actuales hay una línea continua, con ácidos nucleicos que se han replicado cientos o hasta miles de millones de veces. En el camino no hemos dejado de transformarnos, pero en nuestra constitución y funcionamiento moleculares todos mantenemos rasgos atávicos que delatan nuestro parentesco; por eso hemos podido construir los árboles filogenéticos. Gran parte de la información original, a pesar de (y gracias a) tanta copia y trasteo, ha llegado hasta cada uno de nosotros. En este sentido, todos los seres vivos somos muy viejos, quizá tengamos unos cuatro mil millones de años, y no podemos ocultar nuestra semejanza con los remotos abuelos de la Tierra primordial.

Bibliografía

BRIONES, C., FERNÁNDEZ SOTO, A. y BERMÚDEZ DE CASTRO, J. M., *Orígenes. El universo, la vida, los humanos,* Barcelona, Crítica, 2015.

CAIRNS-SMITH, A.G., *Siete pistas sobre el origen de la vida,* Madrid, Alianza, 1990.

DE DUVE, CHRISTIAN, *La vida en evolución,* Barcelona, Crítica, 2004.

LANE, NICK, *La cuestión vital,* Barcelona, Ariel, 2016.

LAZCANO, ANTONIO, *El origen de la vida,* México DF, Trillas, 2010.

LUISI, PIER LUIGI, *La vida emergente,* Barcelona, Tusquets, 2010.

MARGULIS, L. y SAGAND, D., *¿Qué es la vida?,* Barcelona, Tusquets, 1996.

MARGULIS, L. y DOLAN, M.F., *Los inicios de la vida. La evolución de la Tierra precámbrica,* Universitat de Valencia, 2009.

MAYNARD-SMITH, J.J. y SZATHMÁRY, E., *Ocho hitos de la evolución: del origen de la vida al nacimiento del lenguaje,* Barcelona, Tusquets, 2001.

PERETÓ, JULI G., *Orígenes de la evolución biológica,* Madrid, Eudema, 1994.

RAULIN, FRANÇOIS, *La aparición de la vida,* Barcelona, RBA, 1994.

SCHOPF, J. WILLIAM, *La cuna de la vida,* Barcelona, Crítica, 2000.

STEWART, IAN, *El segundo secreto de la vida,* Barcelona, Crítica, 1999.

Índice de materias